뷰티서비스
고객관리와
경영관리

Customer and Business Management of Beauty Service

뷰티서비스
고객관리와
경영관리

뷰티서비스 고객관리와 경영관리

뷰티서비스 고객관리와 경영관리

2018. 2. 22. 초 판 1쇄 인쇄
2018. 3. 5. 초 판 1쇄 발행

지은이 | 곽진만, 김경은, 김미선, 박명주, 박 용, 윤미선
　　　　이세희, 이재숙, 이정례, 이효숙, 정희영, 홍인기
펴낸이 | 이종춘
펴낸곳 | BM 주식회사 성안당

주소 | 04032 서울시 마포구 양화로 127 첨단빌딩 5층(출판기획 R&D 센터)
　　　 10881 경기도 파주시 문발로 112 출판문화정보산업단지(제작 및 물류)
전화 | 02) 3142-0036
　　　 031) 950-6300
팩스 | 031) 955-0510
등록 | 1973. 2. 1. 제406-2005-000046호
출판사 홈페이지 | **www.cyber.co.kr**
ISBN | 978-89-315-8202-4 (13590)
정가 | 25,000원

저자와의
협의하에
검인생략

이 책을 만든 사람들

책임 | 최옥현
기획·진행 | 박남균
교정·교열 | 류지은, 에프엠
내지 디자인 | 에프엠
표지 디자인 | 에프엠
홍보 | 박연주
국제부 | 이선민, 조혜란, 김해영
마케팅 | 구본철, 차정욱, 나진호, 이동후, 강호묵
제작 | 김유석

■ 도서 A/S 안내

성안당에서 발행하는 모든 도서는 저자와 출판사, 그리고 독자가 함께 만들어 나갑니다.
좋은 책을 펴내기 위해 많은 노력을 기울이고 있습니다. 혹시라도 내용상의 오류나 오탈자 등이 발견되면 **"좋은 책은 나라의 보배"**로서 우리 모두가 함께 만들어 간다는 마음으로 연락주시기 바랍니다. 수정 보완하여 더 나은 책이 되도록 최선을 다하겠습니다.
성안당은 늘 독자 여러분들의 소중한 의견을 기다리고 있습니다. 좋은 의견을 보내주시는 분께는 성안당 쇼핑몰의 포인트(3,000포인트)를 적립해 드립니다.

잘못 만들어진 책이나 부록 등이 파손된 경우에는 교환해 드립니다.

NCS 학습모듈 「이·미용」 기반

뷰티서비스 고객관리와 경영관리

곽진만 · 김경은 · 김미선
박명주 · 박 용 · 윤미선
이세희 · 이재숙 · 이정례
이효숙 · 정희영 · 홍인기

CONTENTS

학습자료 구성 안내

이 책은 NCS(National Competency Standards, 국가직무능력표준) 이 · 미용 학습모듈을 기반으로 '뷰티서비스 고객관리와 경영관리'로 나눠 내용을 구성하였다.

'뷰티서비스 고객관리'는 경영관리와 관리자의 자세, 고객관계 관리의 이해, 고객만족 서비스, 고객 컴플레인 관리와 대처 방법으로 구성되었다.

'뷰티서비스 경영관리'는 경영분석 방법론과 마케팅 전략 및 경영 실무 방법론으로 구성하여 경영분석 기법과 마케팅 전략의 이해를 통한 다양한 마케팅 사례, 홍보판촉 기법의 활용, 창업 시 관련된 실무와 경영관리 성공사례를 통하여 현장감 있게 구성하였다.

뷰티서비스 고객관리와 경영관리의 학습 자료 교재구성은 학습 안내 그리고 자기 진단, 학습 내용으로 구성되어 있다. 학습 안내는 전체적인 개요와 구성을 설명하고, 학습자에게 효과적인 활용 방법 및 학습 방법을 안내하는 역할을 한다. 자기 진단은 학습 내용을 학습하기 전에 학습자의 능력에 대한 수준을 진단하고, 필요한 학습 활동을 안내하는 역할을 한다.

제1강 뷰티서비스 고객관계 관리 방법론은 Management와 Manager, 고객관계 관리, 고객만족 서비스, 고객 컴플레인의 중요성과 대처방법으로 구성하였다. 1장은 경영관리와 관리자의 개념, 관리자의 자기 관리의 필요성, 관리자의 긍정적 사고가 미치는 힘에 관하여 다루었다. 2장은 고객관계 관리의 이해와 필요성, 고객관계 관리전략을 통한 고객관계 관리 방법, 고객관계 관리 프로그램의 활용을 통한 분석에 관하여 다루었다. 3장은 고객 응대와 고객 접객에 필요한 화법 그리고 이미지 메이킹, 고객 만족 서비스에 관하여 다루었다. 4장은 불만고객의 중요성, 불만고객의 유형과 대처방법, 고객 설문조사 기법을 통한 고객의 소리(VOC) 조사방법에 관하여 다루었다.

제2강 뷰티서비스 경영분석 방법론은 손익계산서의 이해와 경영분석, 경영분석 기법의 활용으로 구성하였다. 1장은 손익 계산서의 이해, 경영분석을 통한 미용경영 관리에 관하여 다루었다. 2장은 분석기법을 통한 매출관리, 분석기법을 통한 생산성 관리를 통한 지속적 성장방법에 관하여 다루었다.

제3강 뷰티서비스 마케팅 전략 및 경영 실무 방법론은 마케팅 전략과 홍보·판촉, 창업·운영관리 실무로 구성하였다. 1장은 마케팅 전략의 이해, 마케팅 불변의 법칙, 다양한 마케팅 전략으로 뷰티서비스업 마케팅 전략에 적용하도록 구성하였다. 2장은 창업관리 실무, 운영관리 실무로 뷰티서비스업의 창업과 경영관리에 활용할 수 있는 실무적 내용으로 구성하였다.

학습 내용의 구성은 학습 목표, 학습 활동, 학습 정리, 종합 평가로 구성하였으며, 학습 활동은 이론 학습과 실습과제로 구성되었으며, 단원별 실습과제를 통하여 현장에서 완성도 높일 수 있도록 제시하였다. 종합평가는 각 학습 내용의 학습을 마친 후 학습자들의 성취수준을 평가하도록 제시하였다.

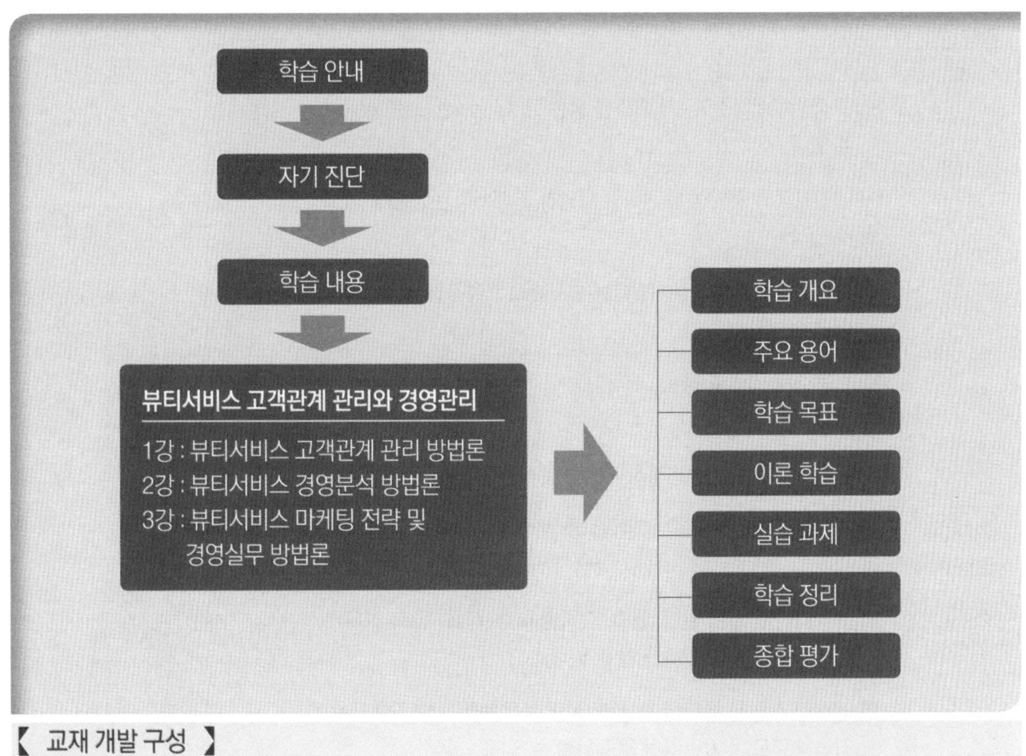

【 교재 개발 구성 】

자기진단 체크리스트

다음은 살롱 업무를 수행하는데 요구되는 능력 수준을 스스로 알아볼 수 있는 체크리스트이다. 본인의 지식과 이해정도를 잘 생각해 보고, 일치하는 정도에 V 표해 보자.

영역	문항	미흡하다	보통이다	우수하다
뷰티서비스 고객관계 관리 방법론	1. 경영관리의 개념과 관리자 역량에 관하여 이해하고 있다.	①	②	③
	2. 관리자의 자기관리구성 내용에 관하여 파악하고 업무에 적용할 수 있다.	①	②	③
	3. 긍정적 사고가 업무에 미치는 영향에 관하여 이해하고 있다.	①	②	③
	4. 고객관계 관리의 개념을 파악하고 고객관계 관리에 적용할 수 있다.	①	②	③
	5. 고객관계 관리전략을 계획하고 적용할 수 있다.	①	②	③
	6. 고객의 개인정보관리와 ERP 프로그램을 등록, 활용할 수 있다.	①	②	③
	7. 고객응대 서비스의 개념을 파악하고 고객서비스에 적용할 수 있다.	①	②	③
	8. 고객만족 서비스의 구성요소를 통한 고객감동 서비스를 제공할 수 있다.	①	②	③
	9. 불만고객의 중요성에 관하여 파악하고 대처하는 자세를 가질 수 있다.	①	②	③
	10. 불만고객의 유형과 대처방법을 숙지하고 고객의 불만접수에 대처할 수 있다.	①	②	③
	11. 설문조사 기법을 통한 고객만족, 고객불만 요소를 파악할 수 있다.	①	②	③
뷰티서비스 경영분석 방법론	12. 손익계산서의 이해를 통하여 영업 분석에 활용할 수 있다.	①	②	③
	13. 경영분석 방법을 통한 경영관리를 분석하고 전략을 수립할 수 있다.	①	②	③
	14. 분석기법을 통한 일별, 월별, 직원별 매출관리와 고객 점유비율에 따른 분석과 관리를 할 수 있다.	①	②	③
	15. 생산성 진단을 통하여 효율성, 직원 근무환경 개선, 직무교육, 작업 숙련도, 원가관리 등에 적용할 수 있다.	①	②	③

뷰티서비스 마케팅 전략 및 경영실무 방법론	16. 마케팅 전략의 이해를 통한 시장을 분석하고 전략을 수립하여 홍보, 판촉, 고객 프로모션에 활용할 수 있다.	①	②	③
	17. 마케팅 불변의 법칙 개념을 파악하여 마케팅 전략 수립에 적용할 수 있다.	①	②	③
	18. 바이럴마케팅 기법인 SNS, 블로그를 활용한 마케팅에 적용할 수 있다.	①	②	③
	19. 창업관리 실무인 사업계획서와 시장조사, 상권분석을 통한 창업 준비 과정에 적용하고 활용할 수 있다.	①	②	③
	20. 운영관리 실무인 매출관리, 서비스 품질관리, 인적자원관리, 서비스 정사진 등을 통하여 매출향상에 적용하고 활용할 수 있다.	①	②	③

진단방법

체크리스트의 문항별로 자신이 체크한 결과를 아래 표를 이용하여 해당하는 개수를 적어 보자.

문항 번호	학습 내용	수준	개수
1~ 11	뷰티서비스 고객관계 관리 방법론	미흡하다	( )개
		보통이다	( )개
		우수하다	( )개
12~ 15	뷰티서비스 경영분석 방법론	미흡하다	( )개
		보통이다	( )개
		우수하다	( )개
16~ 20	뷰티서비스 마케팅 전략 및 경영실무 방법론	미흡하다	( )개
		보통이다	( )개
		우수하다	( )개

진단결과

진단방법에 따라 자신의 수준을 진단한 후, 한 문항이라도 '미흡하다'가 나오면, 그 부분이 부족한 것이기 때문에, 해당하는 내용을 학습하시오.

뷰티서비스
고객관리와
경영관리

자 기 소 개 서

성명		학번	
생일		나이	
H.P		E-mail	
비상 연락망		취미	

주소	
미용학과에 관심을 두게 된 동기	
졸업 후 목표	
졸업 후 목표를 위한 실천 계획	
내 인생의 최종 목표	
내 인생의 최종 목표를 위한 실천 계획	
학과 수업에 바라는 점	
학우들에게 바라는 점	

1강

뷰티서비스
고객관계 관리 방법론

뷰티서비스
고객관리와
경영관리

1장

Management와 Manager

학습 개요

경영관리의 기본적인 개념 이해를 통해 관리자로서 갖춰야 할 역량, 그리고 관리자로서 자기 혁신이 필요한 자기 계발과 긍정적 사고가 조직의 공동목표를 성취하는 데 중요한 요소이다. 그러므로 관지자의 업무역량, 관리자의 조건, 관리자의 자세, 긍정적 사고의 힘에 관하여 학습한다.

주요 용어

관리(Management), 관리자(Administrator), 경영자(Manager), 계획(Plan), 실행(Do), 조정(See), 전문적 기술(Technical skill), 인간관계적 기술(Human skill), 개념적 기술(Concept skill), 긍정적 태도, 부정적인 태도, 세로토닌, 엔도르핀, 엔케팔린

01 경영관리와 관리자

학습목표

1. 관리의 개념과 관리자의 역량 이해를 통한 뷰티서비스업의 경영관리에
적용할 수 있다.
2. 관리의 개념에서 경영자의 역량으로 성장할 수 있다.

1. 관리(Management)란?

관리란, 계획(Plan) – 실행(Do) – 조정(See)을 진행하는 것으로, 조직의 목표를 달성하기 위하여 조직의 상호작용하는 과정을 말한다. 또한, 조직의 목표를 설정, 계획을 세우며 인적 자원과 물적 자원을 조직화하고 구성원의 활동을 지휘, 조정, 통제하는 기술적 업무를 말한다.

2. 관리자(Administrator, 管理者)

관리자란, 조직의 관리를 담당하는 사람, 즉 자신이 속한 조직의 목표를 효율적으로 달성하기 위한 구성원으로 조직이나 개인 스스로 조직 목표의 달성을 위하여 노력하게 하고, 또한 멘토의 역할과 업무의 계획, 조정역할을 수행하는 사람이다. 주어진 목표를 달성하려면 조직 구성원의 자발적인 노력이 필요하다. 그것을 이끌어낼 수 있는 역할의 담당자가 관리자이다.

1) 관리자의 업무역량 3요소

관리자에게는 사업계획의 목표를 수립, 실행함에 중요한 인적자원을 효율적으로 배치, 운영, 분석하는 것이 중요한 업무이다. 즉, 관리자는 기업에서 발생하는 현황에 대한 자료를 수집하고

분석하여 개선방향을 설정, 구체적인 실행계획을 수립하는 것이다. 그리고 실행계획을 적용하여 다시 나타나는 문제점을 파악하여 개선하는 업무가 관리자의 주요한 역할이다.

그러므로 관리자는 새로운 사고로 업무를 바라보는 시각과 폭넓은 사고가 필요하다.

① **전문적 기술**(Technical skill) : 맡겨진 업무를 수행하는 데 필요한 지식과 기술 등 활용 능력을 의미하며 기술은 주로 경험이나 교육훈련 등에 의하여 습득하게 된다.

② **인간관계적 기술**(Human skill) : 사람들을 잘 다룰 수 있는 능력, 즉 리더십이라고도 말하며 조직 구성원의 동기부여와 비전의 제시 등이 포함된다.

③ **개념적 기술**(Concept skill) : 조직 전체의 목표를 포괄적으로 파악하고 관리자로써의 업무가 전체 조직 중 어느 부서와의 관련성이 있는 것인지를 파악하는 능력을 말한다.

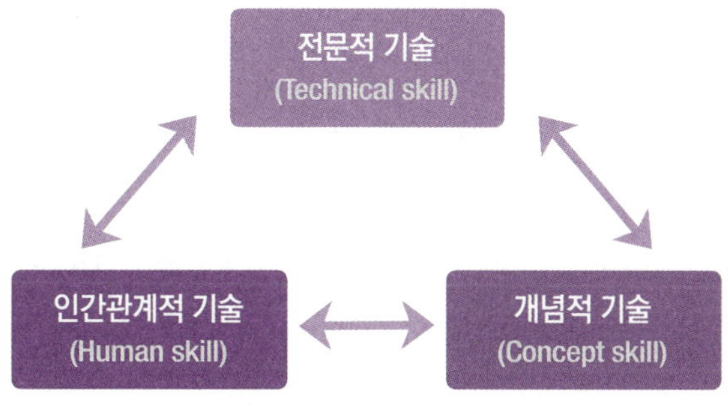

경영자는 관리자의 업무의 영역을 명확히 나눠주어야 하며, 그것을 통한 효율성을 높여야 한다. 경영자의 마인드 문제 등으로 인하여 관리자라는 의미를 퇴색시키는 상황이 발생하기로 한다. 중요한 사실은 관리자는 바쁜 자리를 메워주기 위한 일이나 현금출납과 안내데스크에서 고객접수, 혹은 제품정리만 하는 업무가 관리자의 역할이 아니라는 것을 인식하여야 한다. 물론 관리자로서 업무 일부분이 속하여 있다는 것은 사실이지만, 본질적인 업무는 그것이 아니라는 것을 잊어서는 안 된다는 것이다.

관리자로서 주의해야 할 것은 매장의 직원을 무시하거나 권위적인 태도를 보이거나 '내가 이런 일을 해야 해', '난 관리자인데'라는 생각으로 관리자로서 자질이 없는 마인드를 보이는 경우이다.

물론 위에서 언급한 것처럼 그런 잡다한 일이 주 업무는 아니겠지만, 부가적인 업무를 해야 하기도 한다. 관리자의 솔선수범은 현대의 리더십에서 매우 중요하며, "난 관리자니까 청소는 다른 직원이 해야"라는 생각은 관리자가 지녀야 할 자세는 아니다.

관리자 스스로 업무를 바라보는 자세에서 성실히 그것을 처리할 의무와 책임이 있다는 것을 느끼고 실행할 때 비로소 관리자가 되어가는 것이고 다른 직원들에게도 그러한 영향력을 끼쳐 하나의 조화를 만들며, 조직의 에너지를 최대한 끌어올려 공동의 목표로 나아갈 수 있게 된다.

● 3. 관리자의 조건

1) 관리자의 업무능력

① **판단의 능력** : 유행과 본질을 파악할 수 있어야 한다.

② **미래를 읽는 능력** : 고객의 기호, 기술의 발전 등을 연구해야 한다.

③ **미래 준비 능력** : 시장 변화에 대해 흐름과 대처를 준비해야 한다.

④ **비전을 제시하는 능력** : 업무에 관련한 개인의 발전과 희망을 제시하여야 한다.

⑤ **조직화하는 능력** : 개인의 능력을 파악하여 적재적소에 배치하여야 한다.

⑥ **커뮤니케이션 능력** : 조직의 의사결정에 있어 의사전달은 매우 중요하다. 그러나 그 말을 전달하다 보면 말의 오해를 불러일으킨다. 의사전달은 간단명료하게, 항상 적극적인 마음, 긍정적인 마음, 이해하는 마음을 가져야 한다.

2) 관리자의 성품

사람의 성질이나 됨됨이, 사람의 타고난 바탕으로 품격과 성질을 아울러 이르는 말이다.

(1) 신뢰

① 신뢰는 보여주는 것이다.

② 신뢰는 적절한 위엄, 품위, 적절한 거리가 필요하다.

③ 신뢰는 배려하는 언행과 마음이 필요하다.

④ 신뢰는 군림보다 봉사의 마음가짐이 필요하다.

→ 즉, 조직의 리더는 솔선수범이 되는 모습을 보여줘야 한다.

(2) 태도

① 솔선수범하라.　　② 공과 사를 구분하라.

③ 열정을 전파하라.　　④ 주의 깊게 들어라.

⑤ 항상 감사하라.　　⑥ 공정성을 유지하라.

(3) 마음가짐

① 긍정적 마인드를 가진다.

② 고정적인 마인드에서 성장 중심의 변화의 마인드 가진다.

③ 책임의 회피가 아닌 책임을 느끼고 지는 마인드를 가진다.

④ 목표를 위하여 노력하고 최선을 다하는 신념의 마인드를 가진다.

4. 경영이란(What is management)

피터 드러커(Peter Ferdinand Drucker, 1909 ~ 2005) 오스트리아 빈 출신의 미국인이며, 작가이자 경영학자이다. 그는 "모든 경영관리 문제의 60% 이상이 잘못된 커뮤니케이션에서 기인하다."고 말했다. 현장에서 생각하고 학습하고 사람들과 커뮤니케이션하고, 그 안에서 전문능력을 익히고 업무실적을 쌓고, 신뢰받는 자신을 만드는 것이 경영이다(사사키 나오히코, 자신을 원하는 일을 하라).

① 경영은 사람에 관한 것이다. 이는 사람들이 공동의 성과를 내도록 하는 데 있다. 강점을 더욱 효과적이게 만들고 약점을 보완하는 것이다.

② '경영'이란, 공통된 모험 하에 사람들을 통합하는 것을 다루기 때문에 그 나라의 문화에 깊이 뿌리내리고 있다.

③ 모든 기업은 공통된 목표와 공유된 가치관에 몰입할 것을 요구한다.

④ 경영은 기업과 그 구성원들이 욕구와 기회의 변화만큼이나 성장하고 개발하도록 만들어야 한다.

⑤ 모든 기업은 다른 기능과 지식을 갖춘 사람들로 구성, 서로 다른 일을 한다. 이는 의사소통과 개인의 책임감 아래 이루어져야 한다.

⑥ 생산수량으로 경영과 기업의 성과를 측정하는 것은 적절하지 않다. 시장에서의 위상, 혁신, 생산성, 인력개발, 품질, 재무결과 등 모든 것이 조직의 성과와 그 생존에 절대적으로 중요하다.

⑦ 기업이 기억해야 할 가장 중요한 것은 성과이다. 성과(Results)란, 외부에 의해서 존재 가치가 있다는 것이다.

● 5. 경영자(Manager, 經營者)란

경영자의 기능을 두 가지로 구분하면, 임시적 기능과 경상적 기능으로 이루어진다.

① 임시적 기능은 기업의 설립, 개편, 합병, 해산 등 기본적 존립에 관한 조성 기능과 이사와 감사 등 기타 중요 직위에 관한 최고인사이다.

② 경상적 기능은 자본, 제품, 노동력, 유통, 설비 등의 구성과 그러한 구조를 운용하는 기본방침이나 장기계획의 결정, 전체적 경영활동의 지휘, 감독, 경영활동의 전체적 성과를 비판, 검토하는 감사로 이루어진다.

출자자인 동시에 경영자인 사람을 기업가(企業家)라고 한다. 그러나 대기업의 경우 다수의 출자자로 인하여 소유의 분산과 출자자의 투자가화(投資家化)가 나타나고, 다른 한편으로는 복잡, 거대화한 생산수단의 효율적 운용을 위하여 특수한 전문적 능력이 필요하게 되었다. 그러므로 기존의 출자자가 그대로 경영자가 되는 기업가 시대에서 출자와 경영이 분리되어 출자자가 아닌 전문경영인이 기업을 경영하는 시대로 변화되고 있다.

미국의 정치가이자 경제평론가인 J. 버넘(J. Burnham)은 산업사회 시대에서는 전문경영인이 사회의 중심인 산업경영을 지배함으로써 사회의 지도적 지위에 앉는다고 보고, 이를 '전문경영인'이라고 하였다. 전문경영인은 재능이 있는 사람을 선발하여 경영후계자로 육성하여 계속기업의 요구와 합치시키도록 해야 한다. 경영자 교육이나 경영자 세미나가 성행하는 것은 전문경영인 시대의 특색이다(네이버 지식백과).

02 관리자의 자기관리

1. 관리자의 자기관리

　자기혁신경영에 관한 이야기를 하고자 한다. 관리자는 항상 자기 혁신이 필요하고, 자기 계발은 조직의 공동 목표를 성취하는 데 있어 밑거름될 것이라고 확신을 한다. 우리는 '운'(運)이라는 말을 많이 하고는 한다. 그러나 그 운이라는 것도 내가 준비되어있지 않다면 결코 좋은 결과를 만들지 못할 것이다. 공병호 박사는 자기혁신경영이라는 CEO에게 이렇게 주문을 하였다.

　'관리자의 기본적인 혁신은 "생각이 바뀌면 인생이 바뀐다."는, 즉 "형식은 내용을 결정하고 내용은 성공을 결정한다." 바로 생각의 마인드라 할 것이다.'

1) 자기진단

　나는 현재 몇 퍼센트의 능력을 발휘하고 있는가? 평균 100% 중 30% 정도 나온다고 한다. 만약 내가 70~80%면 우수한 수준이며, 그 이하이면 무엇이 부족한지 생각을 해보아야 할 것이다.

　(1) 기업을 성공하게 하는 5가지 요소

　　① 조직관리　　　　② 고객관계 관리　　　③ 고객마케팅

　　④ CEO의 비전　　　⑤ 서비스 마인드

(2) 업무의 본질을 개선하라

① 업무의 본질을 정리한다.

② 본질 향상하기 위한 계획과 방법을 찾는다.

③ 개선의 십계명을 메모장에 작성한다.

④ 작성한 메모장을 가지고 다닌다.

⑤ 항상 메모장을 읽고, 실천한다.

모든 직원이 함께 숙지하는 방법을 연구한다. 이것이 바로 System이 되며 이러한 과정을 3개월 이상 지속하면 기업의 문화 System이 된다.

(3) 관리자는 열정 경영을 만들어 내라

① 열정을 위한 나만의 방법을 만들어 낸다.

② 열정을 만들어 내는 방법을 찾아낸다.

③ 나는 열정을 만들기 위한 재훈련의 방법을 만들어 낸다.

(4) 폭넓게 보는 시야를 가져라

① 기회를 창출하라.

② 신문의 구독 : 인터뷰의 내용을 정독하라(경제 동향과 사회면에 관심).

③ 관련 전문서적을 읽는 시간에 투자하라.

(5) 모방(Copy)의 능력을 키워라

'모방은 창조의 어머니'라는 말이 있다. 좋은 장점을 매장의 상황과 여건을 고려 접목을 시키고 다시 그것을 수정하여 그 매장만의 문화로 만들어야 할 것이다. 단지 좋은 것만 모방하라는 것은 분명히 아니다. 중요한 것은 나만의 그 매장만의 특색 있는 문화로 발전을 시켜야 한다.

모방에서만 그치게 되면 그냥 모방이지만 좋은 것과 나쁜 것을 가려 적용하는 것이 바로 경영기법의 하나인 벤치마킹이 된다.

(6) 목표 관리

늘 보고 확인할 수 있는 곳에 기록하고 만들고, 보고, 행동으로 반복한다, 아무리 좋은 계획 혹은 생각이라도 실행이 없다면 그것은 단지 꿈에 지나지 않는다.

"구슬이 서 말이라도 꿰어야 보배"라는 말이 있다. 제대로 된 계획과 실행이 뒷받침되어야 비로소 온전히 목표를 이룰 수 있게 된다. 계획만 잘 짜여서는 안 된다는 말을 하고 싶다. 형식에 맞게 계획을 잘 세우는 것도 중요하지만, 더욱 중요한 것은 수립한 계획을 차근차근 실천하는 것이 매우 중요하다.

개인적인 비전, 단기 목표, 중기 목표, 장기 목표의 계획을 문장으로 만들고, 매일 보고 확신하며 실천하는 것이 반복될 때 반드시 목표는 이루어질 것이다.

> **가. 세부 사항에 대한 계획을 수립하자.**
>
> | | |
> |---|---|
> | ① 사업 목표 | ② 자기 계발 관련 목표 |
> | ③ 독서 목표 | ④ 재테크 목표 |
> | ⑤ 건강 관련 목표 | ⑥ 자녀교육 목표 |
> | ⑦ 가정의 목표 | ⑧ 사회생활 목표 |
> | ⑨ 신상의 목표 | |
>
> 나의 계획은 얼마나 세분되고, 문장으로 기록되고 있느냐를 항상 보고 행동하고 있는가?

(7) 관리자로서 매장에 대한 기본 신념을 개발하라

① 상품과 서비스의 확신　　② 업무에 대한 확신

③ 자기 인생에 대한 확신

신념은 만들어 내는 것이며, 이것을 반복적으로 실행하게 되면 자신은 물론이고 다른 사람에게도 영향력이 끼치게 될 것이다. 이것이 바로 리더십이 된다.

(8) 시간 관리

시간 관리에 대한 목표리스트를 작성하여 이를 효율적으로 사용하게 하라.

① 시간을 집중적으로 사용한다

② 단순화하라.

③ 목표를 정리하고 기록하고 재검토하라.

　매스컴이나 인터넷을 통하여 높은 관심을 보였던 박지성, 김연아, 손연재의 발이 화제가 되었다. 모두의 관심은 이들의 성공에 관심이 있었지만, 우리가 생각해야 할 것은 얼마나 그 자리에 오르기까지 뼈를 깎는 고통을 이겨내며 강한 훈련을 견뎌냈을지 생각해 보아야 한다. 평발이라고 알려진 박지성은 '연습벌레'라는 별명을 얻을 만큼 독하게 훈련하는 것으로도 유명하다. 그래서인지 그의 발을 보면 갈라진 발톱과 가장자리를 따라 딱딱하게 뭉쳐있는 굳은살, 찍혀버린 수많은 상처가 있다. 김연아는 오른쪽보다 왼쪽 손이 1.5배는 더 크다고 알려졌다. 매일같이 스케이트 날을 잡고, 스케이트 끈을 매일 묶다 보니 생긴 것이다. 이들의 열정이 결국은 꿈을 향한 노력이라는 행동으로 행동이 결국은 최고의 자리에서 결실을 본 것은 아닐까 생각한다.

　프로로서의 노력과 열정을 가지고 자신의 꿈을 현실로 만든 또 하나의 인물을 소개하고자 한다. 우리도 잘 알고 있는 미국의 유명한 배우 짐 캐리(Jim Carrey)이다. 그는 1990년 가정 형편의 어려움에 캘리포니아에서 할리우드로 온다. 배우로 성공하여 어려운 형편의 어머니를 잘 보살피고 싶었기 때문이었다. 할리우드의 생활은 노숙하며 화장실에서 세수하고 햄버거 하나를 토막 내어 세끼를 때우는 것이 전부였다. 그러나 거기서 좌절하지 않고 매일같이 할리우드가 한눈에 보이는 언덕으로 올라가 도시를 내려다보며 그는 이렇게 외쳤다. "나는 좋은 배우이며, 최고의 감독으로부터 영화 출연을 요청받을 것"이라고, 또한 "자신의 소망을 생생하게 그리며 생각을 하고 천만 달러의 수표를 만들어 그것이 자신의 영화 출연료가 될 것"이라고 믿고 노력하였다, 그 결과, 1995년도 그를 유명하게 만든 작품 마스크의 작품에서 출연료 천만 달러를 받게 되었다.

03 관리자의 긍정적 사고

1. 긍정적 사고가 업무에 미치는 영향에 관하여 이해하고 긍정적 사고의 역량을
   협상할 수 있다.

1. 긍정적 사고의 힘

관리자의 긍정적 태도와 부정적인 태도에서 일의 결과는 매우 다른 결과를 얻게 된다는 것은 모두가 아는 사실이다. <생로병사>라는 TV 프로그램에서, '긍정의 힘이란' 주제로 나온 방송을 시청한 적이 있다. 여기서 '희망'이라는 생각하는 힘이 얼마나 중요한지 실험자를 통하여 다룬 내용이다. 매니지먼트에서 긍정적 사고가 얼마나 큰 결과를 만들어 내용을 통하여 살펴 볼 것이다.

"희망에 관한 연구의 세계적인 권위자인 제롬 그루프먼(Jerome Groopman) 교수는 하버드 의대 교수이고 <희망의 해부>라는 책의 저자이기도 하다. 이 책에서 주는가에 관해 위 프로그램을 통해 '희망의 힘과 메커니즘에 관한 과학적인 연구' 내용을 소개하고 있다. 그는 사람들이 병을 어떻게 극복하는가를 연구하는 과정에서 희망이 중요한 역할을 한다는 것을 발견했다. 어느 날 그는 환자들과 이야기하며 본인이 아팠을 때의 경험을 생각하면서 희망이 정말 중심이라는 걸 깨달았다. 희망은 인간 경험의 중심이며, 모든 감정과 마찬가지로 희망은 분노, 사랑, 공포와 마찬가지로 화학적인 근거와 뇌, 신체상의 결과가 있다고 말하며 결국 희망의 생리학적 효과를 발견했다.

"희망을 토대로 믿음과 기대를 하는 사람은 성공할지도 모릅니다. 뇌에서 그러한 화학물질을 배출하는 것입니다. 그건 우리에게 행복감을 주고 암이나 에이즈 다른 끔찍한 질병들 때문에 고통받고 있는 환자의 경우에는 통증의 정도를 낮춥니다."

희망에 핵심요소인 믿음과 기대는 뇌에서 엔도르핀과 엔케팔린이라는 물질을 분비시켜 모르핀과 같은 효과를 내서 통증을 막아준다. 때로는 호흡 순환 운동 기능 같은 가장 기본적인 신체 작용들의 큰 영향을 미치기도 한다. 심지어 가장 심한 암조차도 줄어드는 경우가 있다. 따라서 생물학적 변수가 존재하며 20명 중 1명이나 50명 중의 1명 정도로 가능성이 낮은 경우에도 우리는 그 마지막 1명이 되기 위해 최선을 다해야만 한다. 그것이 바로 진정한 희망이다. 원죄 때문에 모두 다 잃은 판도라에게 상자 속 바닥에 마지막까지 남아있던 것이 희망이었다.

잠시 '판도라 상자'에 관해서 이야기해볼까 한다. 최초의 여인 판도라는 호기심과 유혹을 이기지 못하고 열어서는 안 된다는 당부와 함께 제우스가 준 상자를 열고 만다. 그 안에는 인간의 모든 축복과 저주가 담겨 있는데 판도라가 상자를 여는 순간 모든 저주는 온 세상으로 퍼졌고 축복은 사라져버렸다. 결국, 시름에 빠져 실망하고 있는 판도라 앞에 남겨진 상자에 남아있는 것이 바로 희망이었다. 희망은 인간에게 남은 마지막 선물이다.

전 서울대학병원장 한만청은 1997년에 간암 4기 진단을 받았었다. 간에서부터 시작한 암은 폐까지 전이 됐고 소생할 가능성이 전혀 없어 보였다. 그러나 지금 간과 폐에서 모두 암을 물리친 그는 암과 싸우는데 삶에 대한 긍정적인 생각과 희망이 가장 중요한 무기라고 말한다.

2. 긍정적 생각이 미치는 영향

생로병사 제작팀은 우울증과 제2형 당뇨를 앓고 있는 9명의 지원자를 대상으로 3주간의 의지 강화 프로그램을 진행하였다.

우울증은 물론 혈당조절을 신경 써야 하는 당뇨에서 마음의 안정과 강한 의지는 필수적이다. 본격적인 의지 강화 훈련에 앞서 혈당수치를 측정하고 스트레스 호르몬 수치를 알 수 있는 타액을 채취해 3주간의 변화를 지켜보기로 했다. 이번 프로그램엔 미국과 유럽 등지에서 심인성 질환 치료에 널리 쓰이고 있는 NLP가 쓰였다. 신경 언어 프로그램의 약자인 NLP는 대화를 통해 잠재의식을 다스리고 자신의 능력을 최대한 끌어내는 마음 훈련법이다.

먼저 가장 힘들고 가슴 아픈 기억을 떠올리게 하자 참가자들의 얼굴은 이내 일그러지고 눈물을 흘리는 사람들도 보였다. 반대로 행복했던 기억을 떠올리자 밝아진 표정과 함께 흥미로운 변화가 있었다. 열 감지 특수카메라로 촬영한 결과 체온변화가 감지된 것이다. 아픈 기억에서 손발이 차갑다고 했던 참가자들의 체온이 행복한 생각을 하자 2~5℃까지 올랐다.

참가자 "머릿속으로 피가 흐르는 것 같고 손에도 피가 잘 통하는 것 같고, 체온이 올라가는 것 같고, 그런 느낌은 확실히 받았어요."

의지강화 마음훈련 프로그램 시행 3주 후 그동안 여덟 번의 NLP 강의를 듣고 집에서도 같은 훈련을 반복한 이들에게 어떤 변화가 있었을까? 제일 먼저 눈에 띈 것은 3주 전보다 눈에 띄게 밝아진 표정이었다. 혈당수치를 측정한 결과 한 참가자의 경우 수치가 무려 41이나 떨어져 일반인과 다름없는 상태를 보였다. 개인별로 약간의 편차는 있었지만 다른 참가자들 역시 혈당수치가 줄어든 것으로 나타났다.

스트레스 호르몬인 코르티솔(하디드로코르티손)의 변화를 알 수 있는 타액분석결과도 긍정적이었다. 9명 중 절반에 가까운 4명의 코르티솔 수치가 정상궤도를 회복한 것이다. 스트레스 호르몬의 분비를 조절하는 부신의 기능이 좋아졌다는 뜻이다. 수치상의 변화보다 더 큰 것은 참가자들의 심리 상태였다. 참가자 대부분이 의지강화 훈련을 받은 뒤 이전보다 안정적이고 긍정적인 생각을 하게 됐다는 것이다.

참가자 "아침에 일어나니깐 하루가 아주 가볍더라고요. 계단을 걸어도 한 계단씩 안 걷게 되고 막 두 개씩 경쾌하게 걷게 되고, 몸이 가벼워져서 결국에는 이게 마음에서 온 거구나."

그렇다면 왜 이런 변화가 생긴 것일까? 오감을 통해 긍정적인 생각을 떠올리면 뇌에선 행복 호르몬으로 알려진 세로토닌과 엔도르핀, 엔케팔린 등의 신경전달물질이 분비된다. 이 신경전달물질들은 뇌의 시상하부와 뇌하수체를 거쳐 심장 위쪽에 있는 부신에 이르게 되는데, 이때 부신에서는 스트레스 호르몬인 코티솔의 과다분비를 억제하는 DHEA가 나와 우리 몸에 면역체계를 강화하게 되는 것이다.

2003년 미국국립학술원회보에 실린 논문에 부정적인 감정을 가진 사람이 긍정적인 감정을 가진 사람보다 병에 걸린 확률이 높다고 지적하기도 했다. 부정적인 사람들의 감기 항체수가 긍정적인 사람들의 1/3 수준밖에 되지 않았다는 것이다.

컬럼비아대학(Columbia University) 정신의학과 아미르라즈 교수와 포천중문의과대학 안련섭 교수는 이렇게 말한다. "약물의 중요성을 무시하고자 하는 것이 아닙니다. 하지만 약물치료에만 집중한다면 우리 인간이 매우 감정적인 존재라는 사실을 종종 잊어버리게 되지요. 우리 감정과 기대감은 아주 중요한 역할을 합니다. 만약 우리가 환자의 감정이나 기대감을 잘 조절하고 환자를 올바르게 도와준다면 약물치료를 할 때보다 환자의 상태를 더욱 호전시킬 수 있을 것입니다."

이 프로그램에서 이야기하는 중요한 내용은 긍정이라는 생각이 우리의 인체에 얼마나 큰 영향을 미치고 있는지를 말하고 있다. 생각이 바뀌면 마음의 상태도 좋아지고 표정도 달라지고 행동이 바뀌는 것을 느낄 수 있다. 그리고 행동이 바뀌므로 인생이 바뀐다는 것을 우리는 알아야 한다.

1-1. 실습 과제

1. 관리자와 종업원의 차이점

① 관리자와 종업원의 차이를 무엇이라 생각하는가?

② 내가 관리자로서 갖추어야 할 것들은 무엇이라 생각하는가?

2. 긍정적 사고를 통한 조직 관리의 성공사례를 들어 발표하자.

3. 진정한 전문가가 지녀야 할 자세

① 보수가 성과에 의해 결정되는 사람이다.

② 성과의 책임을 지는 사람이다.

③ 자기 일에 긍지를 갖는 사람이다.

④ 미래를 읽고 일을 하는 사람이다.

⑤ 능력향상을 위해 항상 노력하는 사람이다.

4. 목표 설정하는 법

1) SMART 기법

① Specific(구체적으로)

② Measurable(측정할 수 있도록)

③ Action-oriented(행동 지향적으로)

④ Realistic(현실성 있게)

⑤ Time limited(시간적 제약이 있게)

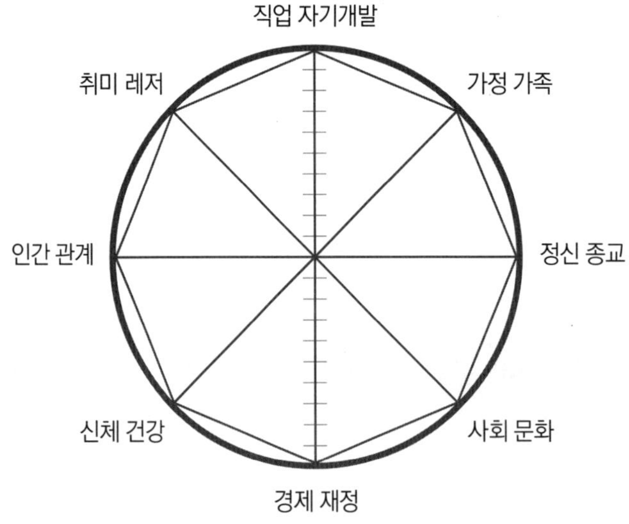

목표를 설정하자			
직업		경제	
가족		취미	
건강		정신, 종교	
사회		인간관계	

1-1. 학습 정리

1. 관리(Management)란, 계획 – 실행 – 조정을 진행하는 것으로, 조직의 목표를 달성하기 위하여 조직의 상호 작용이다.

2. 조직의 관리를 담당하는 사람, 즉 관리자는 자신이 속한 조직의 목표를 효율적으로 달성하기 위한 구성원으로 조직이나 개인 스스로 노력하게 하여 조직 목표의 달성을 위하여 실행하게 하며 또한 멘토의 역할과 업무의 계획, 조정 임무를 수행하는 사람이다.

3. 관리자의 업무역량 3요소는 전문적 기술(Technical skill), 인간 관계적 기술(Human skill), 개념적 기술(Concept skill)이 있다.

4. 경영이란, 경영은 사람에 관한 것이다. 공통된 모험 하에 사람들을 통합하는 것을 다루기 때문에 그 나라의 문화에 깊이 뿌리내리고 있다. 공통된 목표와 공유된 가치관에 몰입할 것을 요구한다. 구성원들이 욕구와 기회의 변화만큼이나 성장하고 개발하도록 만들어야 한다. 의사소통과 개인의 책임감 아래 이루어져야 한다.

5. 기업을 성공하게 하는 5가지 요소
   - ① 조직관리
   - ② 고객관계 관리
   - ③ 고객마케팅
   - ④ CEO의 비전
   - ⑤ 서비스 마인드

6. 관리자로서 자기관리 혁신은 기업의 성과를 창출하는 데 매우 중요하다. 그러므로 업무의 본질을 분석하고 그것을 개선하는 노력이 필요로 한다.

7. 관리자는 조직에 몰입하고 열정을 만들 수 있는 경영을 창출하라.

8. 넓은 시야를 통한 기회를 창출하라(아는 만큼 보인다).

9. 목표를 향한 열정과 노력 그리고 실천이 조직 경영관리에 중요한 요소이다.

10. 긍정의 힘은 뇌에서 엔도르핀과 엔케팔린이라는 물질을 분비시켜 모르핀과 같은 효과를 내서 통증을 막아준다. 생각이 바뀌면 마음의 상태도 변화되고 표정과 행동이 바뀌는 것을 알 수 있다. 그리고 행동의 변화는 인생이 바뀐다는 것을 기억하자.

뷰티서비스
고객관리와
경영관리

2장

고객관계 관리

학습 개요

기업의 성장은 고객과 기업 간의 관계를 어떻게 설정하고 유지하느냐에 따라 성공과 실패가 좌우될 것이다. 그러므로 고객관계 관리의 개념과 필요성, 고객관계 관리의 목적, 고객관계 관리 방법과 고객생애가치의 극대화 방안에 따른 고객유형별 관계 관리전략을 수립하고 ERP 프로그램을 통하여 고객의 개인정보를 관리하고 분석하여 고객관계 관리전략에 활용하는 방법에 관하여 학습한다.

주요 용어

고객관계 관리(Customer Relationship Management), 생상우선시대, 판매우선시대, 마케팅시대, 고객중심시대, 고객생애가치, 신규고객, 재사용고객, 단골고객, 우대고객, 멤버십고객, 잠재고객, 이탈고객, 우량화 유지전략, 수익기여도 분석(Regency Frequency Monetary), 고객생애가치 분석(Life Time Value), 커스터마이제이션(Customization), 데이터마이닝(Data mining)

01 고객관계 관리의 이해와 필요성

고객관계 관리(CRM : Customer Relationship Management)

CRM은 기존고객의 충성도를 높이고, 소개고객 유입을 강화하는 관리전략이다. 신규고객을 지속해서 획득하고 기존고객을 고정고객과 우량고객으로 확대해 나가야 기업이 성장해나갈 수 있는 것은 누구나 알고 있다. CRM의 측면에서는 고객을 효율적으로 관리하여 고객 스스로 신규고객을 유치하고, 고객 충성도를 높이고 나아가 수익의 극대화를 꾀하고 기존고객의 이탈을 최소화하는 고객관계 관리 방법이다.

CRM은 스마트폰 확산으로, 즉 SNS(Social Network Service, 소셜 네트워크 서비스)를 통해 많이 활용되는 고객관계 관리 측면에서 그 무엇보다 중요한 도구라 할 수 있다. 쉽게 말하면 고객과의 관계를 잘 관리해서 단골고객으로 전환하고 아울러 이렇게 단골로 전환된 고객을 오래도록 유지하여 안정적인 매출원을 확보하는 데 총력을 기울여야 한다는 것이다.

서비스는 무형의 상품을 제공하여 수익을 창출하는 것이다. 자동차 회사 중 하나인 현대 자동차에서 판매되는 자동차 가격은 단순히 차량 가격이 아닌 무상 서비스를 제공하는 부대비용도 포함되어 있고 각종 쿠폰, 영업사원의 수당과 관련 임직원의 급여, 제공되는 포인트 등의 대가도 포함되어 있다. 이처럼 자동차를 사면 모든 것을 공짜로 제공해 주는 것 같지만, 실상은 그렇지가 않다.

고객을 대상으로 제공되는 서비스가 공짜가 아닌 것처럼 고객이 기업에 돈을 내고 무언가를 구매했다면 기업은 그에 따른 사후관리가 반드시 수반돼야 한다. 그 이유는 기업은 고객들을 한 번만 상대하는 것이 아니기 때문이다. 그렇다면 기업에 100만 원의 매출을 제공한 고객과 1,000만 원의 매출을 제공한 경우 제공되는 서비스가 같다면 어떨까? 아마도 고객의 입장에서는 불만의 소지가 있을 것이다. 예를 들어, 1%를 포인트로 적립하여 추후 현금성으로 사용할 수 있게 해준다고 가정할 때 100만 원의 1%와 1,000만 원의 1%는 적립된 금액이 다르지 않은가? 이런 의미에서 파레토의 2080의 법칙에서와같이 상위 20%의 우수 고객들의 관리는 매우 중요한 일이라고 할 수 있다. 아울러 많은 매출을 가져다주는 고객에게 좀 더 많은 혜택과 서비스를 제공해 주는 것이 장기적인 안목에서 기업이 안정적으로 성장하는 데 있어 아주 중요한 버팀목 역할을 할 것이다.

2. 고객관계 관리의 필요성

CRM은 '분석 CRM'과 '운영 CRM'으로 나눠 구분할 수 있다.

분석 CRM은 고객정보(개인정보 + 구매정보)를 DB로 구축하여 이를 분석하여 광고나 판촉에 이용하는 것이다. 예를 들어, 저장된 DB를 이용해 고객의 취향이나 구매 성향 등을 파악하여 선호도 높은 상품이나 서비스로 구성된 내용으로 안내장을 보낸다면 고객은 관심 있는 내용이기 때문에 주의 깊게 보게 되고 자연스럽게 구매로 이어질 것이다. 고객이 먼저 구매의사를 가지는 쪽보다 구매가 더욱 활발히 이루어질 것이기 때문에 자연히 매출이 향상된다.

운영 CRM은 분석정보를 바탕으로 고객관계 관리 프로그램을 운영하여 고객 충성도에 영향을 미치는 것을 말한다. 예를 들어, 고객의 정보를 바탕으로 판촉을 진행하거나, 상품과 서비스를 사용하면서 의문이나 문제점, 사용방법 등을 유선상으로 알려주어 잘 활용할 수 있게 해주어 고객을 확대하고, 고객 충성도를 높이는 등의 활동이다.

CRM을 통해 고객관계 관리를 철저히 함으로써 고객의 만족도를 높여 충성도 높은 고객층을 확보하게 되고 이 때문에 지속적인 재구매가 일어나게 하여 더욱 안정적인 매출원을 확보하는 선 순환적인 기업 활동이 가능해지는 것이다.

1) 기업의 판매전략 변천

① **산업혁명** : 수요가 공급을 초과하던 시기(생산우선 시대)

② **1970년대** : 공급이 수요를 초과하던 시기(판매우선 시대)

③ **1980년대** : 경쟁이 치열한 시기(마케팅 시대)

④ **1990년대** : 고객과의 관계에 노력을 기울이는 시기(고객중심 시대)

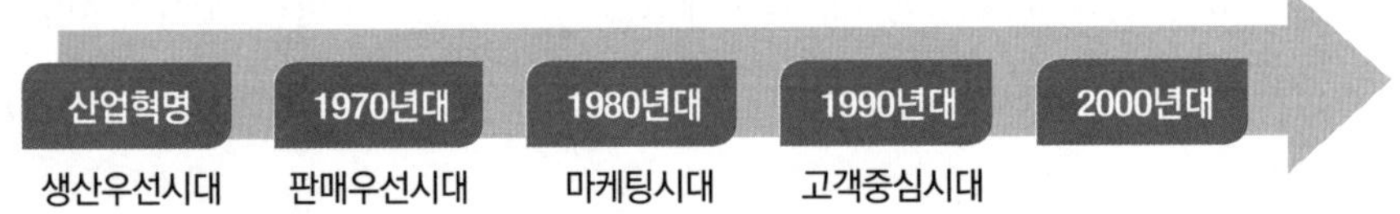

2) 고객관계 관리의 목적

① 신규고객을 발굴한다.

② 고객을 선별한다.

③ 기존 고객의 재구매 유도를 한다.

④ 고객과의 관계 형성을 한다.

→ 위의 사항을 통하여 고객의 정보를 수집, 고객의 니즈를 파악 전략적 계획을 수립을 통하여 수익성 증대를 꾀할 수 있다.

경제적 효과	반복구매율의 증가	부가적 효과	입소문 효과
	매출 증대		충성고객 유치(단골고객)

3) 고객관계 관리의 중요성

신규고객의 획득 과정의 비용과 기존고객 관리 과정에서 소용되는 비용을 비교해보기로 하자. 전단지 광고로 신규고객 획득과 SNS로 기존고객 관리에 드는 비용을 알아보면 다음과 같다.

먼저 전단 8,000매(1면)를 인쇄할 경우 100,000원가량 비용을 환산한다면, 신문에 전단을 삽지하면 1장당 8원 정도로 계산하여 64,000원 정도 소모되며, 합계 164,000원의 비용이 소모된다. 일반적으로 광고하는 입장에서는 광고효과, 즉 고객의 반응을 은근히 기대하면서 하게 된다. 하지만 광고매체별 특성으로 인해 조금씩 달라지긴 하지만 전단 광고의 피드백은 0.1 ~ 0.2% 정도로 아주 미미하다. 그 이유를 생각해보면 집에서나 사무실에서 신문을 볼 때 하는 행동을 생각해 보면 쉽게 알 수 있을 것이다. 보통 신문을 볼 때는 접어져 있는 신문을 펼치면서 속에 있는 각종 전단을 뽑아 옆으로 치우고 신문을 본다. 이때 옆으로 치우는 과정에서 특별히 눈에 띄는 것이 없으면 신문을 보는 데 만 열중할 것이다. 이처럼 전단에 관심을 두는 고객들이 그리 많지 않다는 것이다. 이러한 이유로 전단 광고는 0.1% 정도의 반응밖에 기대하지 못하는 것이 현실이다. 8,000장의 0.1%라면 고작 8명이 되는데 총비용이 164,000원 소요되었으니 신규 고객 1명당 20,500원의 유치비용이 발생하게 된다.

미용실이 CRM을 활용하여 고객관계 관리를 한 경우, 기존 고객 1명을 관리하는데 1년간 드는 비용을 계산해 보기로 하자. 첫 방문을 시작으로 계산해보면 첫 방문 감사 인사 1번, 기본적으로 고객의 생일과 기념일 해서 2번, 1달에 한 번 월초 인사해서 12번, 설날 1번, 여름 휴가철 1번, 추석 명절 1번, 크리스마스인사 1번, 연말 인사 1번, 새해 인사 1번, 한 달에 한 번 방문하는 걸로 하고, 방문 감사 인사해서 12번, 커트 주기별로 방문 시기가 되었음을 알리는 것으로 해서 12번, 분기마다 이벤트성 안내 4번 등 대략 49번의 관리가 이루어지게 된다. 이를 금액으로 계산해보면 SNS문자 서비스 요금이 약 30원가량 되니 30원 × 49번 = 1,470원의 비용이 발생한다.

전단 광고를 통해 신규고객을 획득할 때, 고객 1명당 20,500원의 비용이 발생 한 점을 생각해보면 신규고객 1명을 유치하는데 드는 비용으로 기존고객 약 14명을 관리 할 수 있다는 결론을 얻게 된다. 물론 광고 매체에 따라 달라지는 것은 분명한 사실이다. 하지만 소규모 업체의 경우는 가장 가깝고 쉽게 시행하는 광고 방법이기 때문에 비교 대상으로 삼았다. 이러한 내용으로 알 수 있듯이 CRM은 아주 중요한 경영 기법의 하나일 것이다.

(1) 창업자의 고객관계 관리

다수의 점포가 치열한 경쟁을 하는 상황이 많으므로 적극적인 고객관계 관리가 필요로
한다.

① 고객의 Need를 파악해야 한다.

② 고객에 대한 지식, 즉 정보를 파악한다.

- 1:1 고객 맞춤 서비스 제공으로 변화해야 한다.

- 1:1 마케팅 → 고객관계 관리에 대한
  이해가 필수 조건이다.

③ 창업에서 고객관계 관리는 이윤의 원천
  이다.

- 예비창업자는 개점 Open 시 고객관계
  관리에 관하여 준비를 하여야만 한다.

- 창업의 준비과정에서 고객 관리는 고객 확보의 전초전이라고 할 수 있다.

(2) 고객관계 관리의 방법

고객관계 관리를 함에 있어 여러 가지 방법이 있겠으나, 그중 하나로 고객을 등급별로
나누어 차별화된 관리가 필요하다. 예를 들어, 백화점의 경우 전체 고객 중 상위 20%가 전
체 매출 80%를 창출한다. 이는 은행의 경우도 같다. 전체 예금 고객 중 상위 20%가 전체
이익의 80%를 창출한다. 이처럼 상위고객, 즉 VIP 고객에 대한 관리가 아주 중요하다는
이야기이다. 그렇다고 VIP가 아닌 고객을 소홀히 하라는 이야기는 아니다.

경제학자 파래토(Vilfredo)의 '2080의 법칙'이 적용되지 않는 업종은 거의 없으리라 본다.
고객관계 관리를 할 때 상위등급의 고객에게 좀 더 특별한 서비스와 혜택을 부여하여 만
족도를 높이고 이를 통해 충성도 높은 고객층을 확보하고 일반고객 중에서도 상위등급으
로 격상될 수 있는 고객을 파악하여 등급이 상향될 수 있도록 유도하여 차별화된 서비스와
특별한 혜택을 경험하게 하여 만족하는 고객의 수가 증가하도록 해야 한다.

"1명의 단골고객 가치는 20명의 신규고객보다 크다."

① 고정고객 유지율 5% 증가하면 업소의 이윤은 25%에서 최대 80%까지 증대된다.

② 신규고객의 유치에 따른 유지비용 절감 효과를 기대하게 된다.

③ 효율적인 고객 재방문 효과를 얻을 수 있다.

④ 기존 고객을 통한 높은 구전효과를 기대하게 된다.

⑤ 고객 DB(데이터베이스) 구축을 통한 마케팅 전략을 수립한다.

- 1:1 마케팅의 집중관리 및 특별관리가 가능하다.

- 고객 성적에 따른 꾸준한 혜택과 프로모션이 가능하다.

⑥ 보상관리서비스

"20%의 우수고객들에 의해서 전체 매출 80%가 창출된다."

모든 고객을 VIP 고객관계 관리로 하기에는 시간과 비용이라는 효율성에서 문제가 된다. 그러므로 고객 데이터를 통한 효율적 관리가 필요하다. 즉, 신규고객, 고정고객, 우량고객, 충성고객으로 각각의 차별화된 전략이 필요하며, 고정고객은 우량고객으로 우량고객은 충성고객으로 올려줄 수 있는 고객관계 관리 방법을 사용하여야 한다.

단골고객 유지비용	잠재고객으로부터 신규고객을 획득하는 비용
신규고객을 얻기 위한 마케팅 비용의 25%(¼) 소요	기존고객보다 2.5 ~ 5배의 마케팅 비용 소요

4) 고객생애가치의 극대화

(1) 고객생애가치의 극대화

" 한 번 고객은 영원한 고객 "

① 신규고객을 만들기 위한 비용보다 기존고객을 관리하는 비용이 적게 든다.

② 많은 매장이 기존고객유지 보다 신규고객의 유치에 초점을 둔다.

" 기업이 성공하려면 기존고객이 이탈하지 않아야 한다."

“한 번 고객은 영원한 고객”

<table>
<tr><td>신규 고객을 만들기 위한 비용</td><td>></td><td>기존 고객을 관리하는 비용</td></tr>
</table>

(2) 고객 유형별 매출관리

① **일반고객** : 전체 고객에서 60 ~ 70%, 전체매출에서 50% 미만의 영향을 준다.

② **우량고객** : 전체 고객에서 10%, 전체매출에서 50%의 매출에 영향을 준다.

③ 고객관계 관리 데이터를 기반으로 지난번 구매한 것과 새로운 제품 소개하여 신제품이 나왔을 때, 제품을 선점할 수 있도록 배려도 필요할 것이다.

02 고객관계 관리전략

1. 고객관계 관리전략을 계획하고 재방문율을 높이기 위한 고객관계 관리 주기에 적용하여 활용할 수 있다.
2. 고객관계 관리를 통한 고객 멤버십 등급을 구분하고 그에 따른 프로모션 적용에 활용할 수 있다.
3. 고객관계 관리를 통한 우량화 유지전략을 수립하고 활용할 수 있다.

1. 고객유형별 관계 관리전략

1) 고객관계 관리를 통한 고객 만족

고객관계 관리의 궁극적 목표는 고객을 관리하는 데 필수적인 정보를 정리하여 질 좋은 서비스를 제공하여, 장기적으로 고객과의 관계 강화를 통해 기업의 수익성을 극대화하는 것이다.

예비 창업자는 과감한 도전정신과 철저한 기술경영의 준비 그리고 성공에 대한 의지가 필요로 한다. "점포의 사활은 철저한 고객관계 관리에 달려 있다." 한번 찾은 고객을 다시 방문하게 하는 것 그것이 고객관계 관리이며, 마케팅이라고 할 수 있을 것이다.

고객관계 관리는 고정고객을 증가시키고 충성고객을 만들어 줌으로 기업의 발전에 많은 영향을 준다. "우리나라 소자본 사업가들의 가장 큰 문제점은 고객보다 돈을 우선시한다는 것이다."

(1) 창업자의 아이템은?

① 진정으로 고객을 만족하게 해 주고 있는가?

② 고객을 지속해서 확보할 수 있는가?

③ 경쟁력은 갖추고 있는가?

④ 성공적인 우수고객 관리를 위해서는?

→ 이름, 주소, 연락처 + 고객의 특성 등의 기본적인 자료를 관리하여야 한다.

(2) 우량고객 관리사례

① 고객의 가족에게 작은 관심과 전화 안부 묻기

② 결혼기념일에 예쁜 속옷을 택배로 보내기

③ 가을에 한강 변의 낙엽을 예쁘게 코팅해서 DM에 넣어서 보내기

우량고객은 제품 자체가 마음에 드는 경우 일반고객보다 구매할 확률이 낮아도 3~4배는 높다.

2) 고객관계 관리 단계

(1) 고객 확보

창업 전 단계에서 이루어지나, 주로 창업 초기(개점 전 ~ 개점 1개월)에 많이 이루어진다, 시장 점유율 및 고객 점유율을 확장해 나가기 위한 활동이다.

(2) 고객 유지

고객의 이탈을 방지하고, 고객과의 관계성화, '단골고객'을 만드는 활동이다.

(3) 평생 고객화

고객의 충성도와 신뢰를 바탕으로 평생 고객 또는 동반자 관계로 발전하는 단계고객 관리의 궁극적인 목적이라고 할 수 있다.

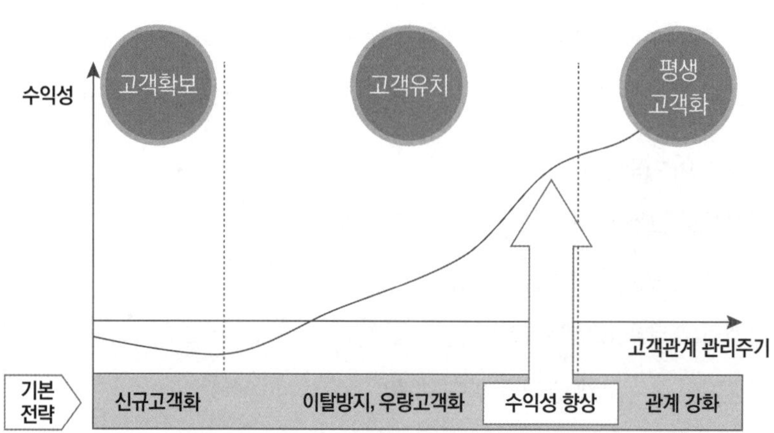

3) 고객유형에 따른 대응전략

고객 분류에 따른 고객관계 관리 방안을 단계별로 살펴보면 이와 같다.

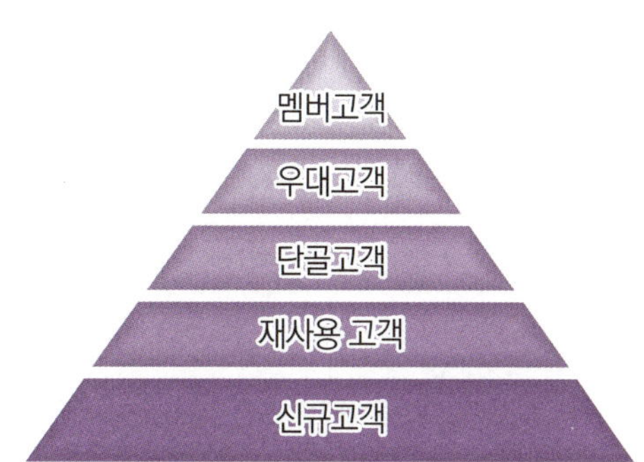

【 고객분류에 따른 고객 관리 】

(1) 신규고객

고객만족수준 조사와 기업 이미지를 전달하여야 하도록 한다.

(2) 재사용고객

고객에 대한 인지 및 친밀감을 유발하고 적극적인 상품정보 및 이벤트를 제공하고 우대정책을 소개하여 관심을 끌게 한다.

(3) 단골고객

고객에 대한 우대정책 및 통합 관리를 시작하고 고객의 기호에 맞는 차별화된 서비스를 제공하도록 한다.

(4) 우대고객

신규고객 유치에 따른 우대정책을 전달하여 고객들의 구전 활동을 촉진하고 이탈방지 프로그램을 운영하여 이탈을 최소화하도록 한다.

(5) 멤버십고객

고객 충성도를 높이려는 방안을 수립하여 시행하는 것이 중요하다.

(6) 잠재고객, 이탈고객

기존고객뿐만 아니라 잠재고객과 이탈고객에 대한 전략수집도 필요하며 이탈고객의 최소화와 잠재고객에 대한 신규 고객화 전략을 수립하여 지속적인 신규고객의 창출에 힘써야 할 것이다.

- 가망고객(잠재고객) → 신규 고객화 전략

- 거래고객 → 신규고객 : 관계강화전략, 이탈가능고객 : 이탈방지 및 관계강화 전략

- 우대고객 → 우량화 유지 전략

- 재방문(사용)고객 → 우량화 전략

- 이탈고객(휴면고객) → 재유치 전략

4) 신규고객화 전략

신규고객이란, 현재 거래고객이 아닌 불특정 다수의 소비자를 의미한다.

(1) 신규고객의 선정기준

① **선천적 충성도** : 예측할 수 있고 충성도유지가 가능한 고객으로 선정한다.

② **수익성** : 수익성에 대한 기여도가 높을 것으로 예상하는 고객으로 선정한다.

③ **적합성** : 제공하는 제품과 서비스를 경쟁사보다 선호할 가능성이 높은 고객으로 선정한다.

(2) 신규고객화 전략 방안

신규고객화 전략으로는 제품의 샘플 및 광고자료(전단)를 전달하는 방법과 우편(DM)을 통해 주의를 이끌어내는 방법, 할인쿠폰 등 제공하여 저렴하게 체험해볼 기회를 제공하는 방법들이 있을 것이다. 아울러 기존고객들에게 구전을 부탁하는 방법이 있는데 이 방법은 시간이 오래 걸릴 수 있지만, 효과적이라 할 수 있다.

① 제품의 샘플 및 광고자료(전단), 직접우편(DM), 할인쿠폰 등 제공

② 기존고객에게 구전을 부탁하는 방법

◉ 2. 우량화 유지전략

1) 우량화 유지전략

기업이 최대한의 많은 고객을 확보하기 위한 전략으로 '수익기여도 분석'과 '고객생애가치 분석'이 있다.

(1) 수익기여도 분석(RFM : Regency Frequency Monetary)

　　① Regency : 얼마나 최근에 구매했는가?

　　② Frequency : 구매를 얼마나 자주 하는가?

　　③ Monetary : 구매한 총 금액이 얼마인가?

　　　• 장점 : 구매 가능성이 높은 고객을 찾아내는 데에는 편리한 기법이다.

　　　• 단점 : 고객의 개별적인 수익기여도를 직접 파악하는 데에는 한계가 있다.

(2) 고객생애가치 분석(LTV : Life Time Value)

　　고객이 최초로 기업과의 거래를 시작한 시점부터 거래에 대한 모든 기록을 이용하는 기법으로 현재까지 누적된 수익가치뿐 아니라 미래의 평생가치에 대한 예측 분까지 합산한 고객의 총 평생가치 개념이다.

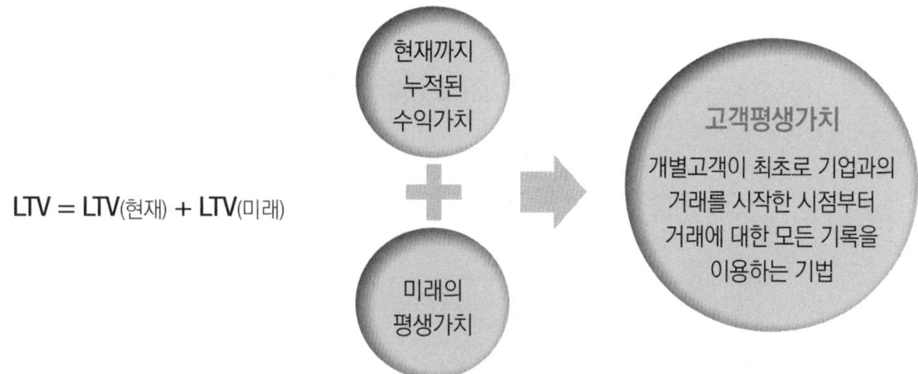

2) 고객 유지전략

① 데이터마이닝(Data mining) 기법이란, 고객의 인구 통계학적 데이터 및 거래형태에 관한 데이터 분석기법을 통하여 고객의 이탈 가능성을 예측하는 분석기법이다.

　　• 불량고객 분석모형을 개발한다.

　　• 서비스 및 상품에 대한 커스터마이제이션 전략을 수립해야 한다.

② 커스터마이제이션(Customization)이란, '주문에 따라 만듦' 또는 '고객 맞춤화'를 의미한다. 고객의 취향을 파악하고 요구사항에 맞춘 상품 또는 적합한 맥락과 내용물 등을 고객의 취향에 맞추거나, 고객 스스로 자신의 선호정보를 입력하여 맞추는 것을 말한다. 커스터마

이제이션의 방법으로 금융사, 백화점, 명품 브랜드 등에서 VIP를 대상으로 한 커스터마이
제이션 방법이 있다.

- 고객에 대한 수익성 향상 전략을 개발한다.
- 고객에 대한 보상전략을 개발한다.

3) 데이터마이닝(Data mining)

데이터베이스로부터 과거에는 알지 못했지만, 데이터 속에서 유도된 새로운 데이터 모델을
발견하여 미래에 실행 가능한 정보를 추출해 내고 의사결정에 이용하는 과정을 말한다. 즉, 데이
터에 숨겨진 패턴과 관계를 찾아내어 광맥을 찾아내듯이 정보를 발견해 내는 것이다. 여기에서
정보발견이란, 데이터에 고급 통계분석과 모델링 기법을 적용하여 유용한 패턴과 관계를 찾아
내는 과정이다. 데이터베이스 마케팅(또는 분석 CRM)의 핵심기술이라고 할 수 있다.

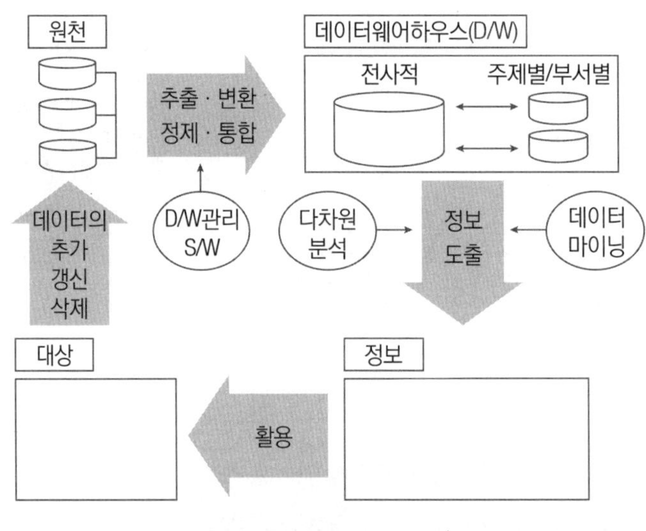

【 데이터 마이닝의 작업 흐름도 】

예를 들어, 한 백화점에서 판매 데이터베이스의 데이터를 분석하여 금요일 오전에는 '어떤 상
품들이 잘 팔리는가?' 그리고 '팔리는 상품 간에는 어떤 상관관계가 있는가?' 등을 발견하고 이를
마케팅에 반영하는 것이다. 따라서 데이터마이닝의 필수 요소는 신뢰도가 높은 충분한 자료이
다. 이것은 신뢰도 높은 충분한 자료가 정확한 예견을 가능하게 하기 때문이다. 그러나 너무 많

은 자료는 오히려 데이터 마이닝의 예견 능력을 떨어뜨릴 수 있으므로 최적의 결과를 산출할 수 있는 의미 있는 자료의 확보가 필요하다. 주로 고객관계 관리에 중점을 두는 데이터베이스 마케팅 쪽으로 가고 있기 때문에 데이터마이닝의 발달은 급속히 이루어질 수밖에 없다.

(1) 데이터마이닝의 과정

① 데이터베이스로부터 분석대상이 되는 데이터를 선별하는 과정(Data selection)

② 선별된 데이터를 적절한 형태로 가공하고 정제(Cleaning, Transformation)하는 과정

③ 변환된 데이터에 마이닝 알고리즘을 수행하는 과정(Data mining)

④ 알고리즘의 결과를 재가공하고 기존의 지식과 통합하는 과정을 거치게 된다.

⑤ 위의 과정을 거쳐 결과로 얻은 지식은 예측(Prediction)이나 분류(Classification) 모델을 만드는 것에 사용되기도 하며, 데이터베이스의 레코드들 사이의 연관성을 밝혀내기도 하고, 데이터베이스의 내용을 요약해 주기도 한다.

4) 고객관계 관리를 통한 기대효과

① 우수고객의 유치　　② 고객이탈방지

③ 잠재고객에서 실 고객으로의 전환　　④ 고객충성도 증진

⑤ 신규고객의 원활한 획득　　⑥ 교차판매(Cross-sell)의 기능

⑦ 재구매(Re-sell)의 증가　　⑧ 판매액 및 판매단가의 증대

⑨ 틈새시장 개척 가능성의 증가　　⑩ 가망고객의 탐색용이

⑪ 더욱 향상된 영업망 형성　　⑫ 판촉효율증대

⑬ 고객가치 파악　　⑭ 품질개선

⑮ 고객 만족

03 ERP 프로그램 활용

1. 고객 상담카드에 상담내용을 기입하고 고객정보관리와 ERP 프로그램에 등록할 수 있다.
2. 고객정보 관리 및 특이사항을 ERP 프로그램을 통하여 관리할 수 있다.
3. ERP 프로그램을 통하여 경영관리 분석과 SNS 마케팅에 적용할 수 있다.

1. 고객관계 관리 전표를 통하여 ERP 프로그램에 활용

고객전표는 고객의 정보를 통하여 고객관계 관리프로그램 등록에 사용되는 중요한 자료이다. 따라서 고객의 개인정보관리는 철저하게 등록과 관리가 이루어져야 한다.

1) 고객관계 관리 전표를 통한 고객정보 관리

고 객 전 표		시술자 :
회원번호 I	Date I 20　□a□p	시술가격 I
성　명 I	생년월일 I	
주　소 I		D·C I
핸 드 폰 I	전화번호 I	
방문동기 I　□고정 □신규 □유동 □소개(소개장 성명 :　　　)		총 액 I

시 술 상 담	시술제품.(　　) 사용량.(　　g) 모발길이 (□S □M □L)

① **방문 요일과 일시** : 고객의 방문 일자와 요일, 시간은 고객방문 통계를 통하여 프로모션이나 판촉을 하는 데 있어서 중요한 정보가 된다.

② **성명, 주소, 전화번호** : 고객정보의 가장 기본 입력 사항이다, 간혹 동명이인의 고객이 등록되는 경우 전화번호를 통하여 식별 가능하므로 입력을 하는 것이 좋으며, 고객관계 관리에서 SMS를 통한 고객 관리에 중요한 정보가 된다.

③ **생년월일** : 생년월일은 고객의 입장에서 민감한 사항이므로 현장에서 생일만 입력하는 경우가 있다.

④ **방문 동기** : 소개고객은 누구의 소개인지 소개고객 관리의 정보가 되므로 확인하여 체크한다. 신규와 고정은 고객점유 비율관리와 고객 확보관점에서 중요한 정보이므로 체크한다.

⑤ **서비스 요금, 제품명, 사용량** : 서비스 요금의 적절성과 원가관리, 제품관리의 기본이므로 반드시 기록하여 관리한다.

⑥ **서비스 내역** : 재방문 시 새로운 서비스 제안의 정보가 되므로 작업 내역과 상담 내역을 간단하게 기록하여 관리한다.

2. ERP 프로그램 활용

1) ERP의 개념

'ERP'는 'Enterprise Resource Planning'의 약자로 흔히 '전사적 자원관리'라고 한다. 기업 전체를 경영자원의 효과적 이용이라는 관점에서 통합적으로 관리하고 경영의 효율화를 기하기 위한 수단이다. 즉, 정보의 통합을 위해 기업의 모든 자원을 최적으로 관리하자는 개념으로 기업자원관리 혹은 업무 통합관리라고 볼 수 있다. 좁은 의미에서는 통합적인 컴퓨터 데이터베이스를 구축해 회사의 자금, 회계, 구매, 생산, 판매 등 모든 업무의 흐름을 효율적으로 자동 조절해주는 전산 시스템을 뜻하기도 한다. 기업 전반의 업무 프로세스를 통합적으로 관리, 경영 상태를 실시간으로 파악하고 정보를 공유하게 함으로써 빠르고 투명한 업무처리의 실현을 목적으로 한다.

ERP란 용어는 미국의 'ERP 벤더'라는 소프트웨어 개발회사가 자사의 소프트웨어 제품에 붙인 명칭에서 유래했다. 그 후 미국의 시장조사, 컨설턴트 회사가 그것들을 ERP 패키지라고 부른 것이 발단이라고 한다.

현재 국내에서는 '전사적 자원관리'로 번역되어 사용되고 있는데, 이는 SAP 코리아라는 회사가 독일 본사에서 ERP 제품을 국내에 들여오며 불리게 되었다. ERP가 구축되면 기업의 생산, 영업, 구매, 재고관리, 회계부서 모두가 기업에 필요한 정보를 동시에 갖게 돼 기업의 전 부문이 통합적으로 돌아가게 된다. 기업은 생산시간의 손실을 최소화하게 되며, 시스템상에서의 재고 정확도가 지속해서 개선되는 효과를 거둘 수 있다.

2) ERP 프로그램 절차

(1) 고객정보 입력과 관리과정

고객관계 관리 프로그램은 기본적인 정보, 즉 고객정보, 제품의 입출고, 서비스와 제품의 매출 등의 입력을 통하여 업무의 흐름을 효율적으로 분석하고 출력하므로 경영관리의 편리성을 만들어 준다.

가. 정보 입력

미용실 담당	신규 고객 입력	신규 고객의 신상정보. 시술 내역. 점판 내역 등을 입력하는 화면입니다.
	재방문 고객 입력	등록된 고객을 검색하고 시술 내역. 점판 내역 등을 추가로 입력하는 화면입니다.
	점판 입력	제품 판매 내역을 입력하는 화면입니다.
	가족 및 친구 입력	고객 본인 이외의 가족 또는 지인을 입력하는 화면입니다.

나. 통계 출력

컴퓨터 담당	금일결산 출력	일일 단위로 매출을 볼 수 있게 만든 화면입니다.
	월말결산 출력	월말 단위로 매출을 볼 수 있게 만든 화면입니다.
	휴면관리 출력	어떤 직원이 무슨 시술을 했을 때 몇 퍼센트의 휴면 고객을 발생시켰는지를 볼 수 있는 화면입니다.
	그래프 분석 출력	담당자별로 1년간의 매출. 적립금. 휴면. 실적 등을 그래프로 볼 수 있게 만든 화면입니다.

컴퓨터 담당	급여관리 출력	매출을 기준으로 실적수당과 공제 내역을 입력하여 실 급여액을 산출하는 화면입니다.
	신규분석 출력	담당자별로 신규고객을 접객한 수를 볼 수 있는 화면입니다.
	시간분석 출력	하루를 기준으로 1시간 단위로 고객을 접객한 내역을 1년 치 통계로 볼 수 있는 화면입니다.
	월별통계 출력	1년 매출을 월별. 시술별. 현금매출. 카드매출로 볼 수 있는 화면입니다.

다. 사후관리

CRM업체 담당	방문 감사 관리	내방 후 1 ~ 5일 이내에 감사인사 또는 시술 후 주의사항이나 만족도 설문조사를 할 수 있습니다.
	안부 인사 관리	내방 후 19 ~ 25일 이내에 고객별 방문주기를 계산하여 예상방문일 3일 전에 재방문을 유도 시킴
	휴면 1차 관리	예상 방문일이 지났음에도 재방문이 이루어지지 않은 휴면고객을 1차 관리 하는 것입니다.
	휴면 2차 관리	1차 휴면고객 관리 이후에도 재방문하지 않는 영구휴면고객을 다시 한 번 관리할 수 있습니다.
	생일 고객 관리	생일 7일 전후로 남자, 여자 고객을 분류하여 다양한 혜택을 부여하여 고객관계 관리를 할 수 있습니다.
	월별 행사 관리	고객을 세분화시켜 분류하고 고객 맞춤형 행사를 월별로 진행하는 것입니다.
	T.M 관리	특별한 고객이 일정 기간 이상 방문하지 않을 경우 전화로 고객관계 관리를 합니다.
	설문 조사 관리	미용실의 서비스 만족도 시술 만족도 또는 행사참여 여부와 고객의 요구를 알아낼 수 있습니다.
	S.N.S 관리	미용실 주변 상가와 제휴하여 고객을 간접 공유하여 공동 마케팅을 펼치는 기능입니다.

3) ERP 프로그램 실무

(1) 신규고객 입력

빨간 네모 박스에 고객명을 입력하게 되면 신규고객 입력 화면으로 이동하게 되고 이후 상세한 고객정보와 시술 정보를 입력할 수 있다.

[신규고객입력]

(2) 재방문 고객 입력

빨간 네모 박스에 고객명 / 전화번호 / 고객 번호를 입력 후 검색하면 기존 입력된 내용을 자세히 볼 수 있을 뿐만 아니라 추가 시술내역과 간단 메모도 입력할 수 있다.

방문일	실명	담당	구분	내역	금 액	적립	방문동기	간단메모	삭제
2012-12-16	본인	최수진	커트	일반커트	C 10,000	200			삭제
2012-11-29	본인	방문감사	행복한하루되시구요~ 무료헤어맛사지받으러오세요♬토/일요일은 안되요~				수진헤어		평가
2012-11-26	본인	최수진	펌	일반펌	C 56,000	1,120		30dc	삭제
2012-11-22	본인	휴면1차	겨울추위가시작된다는24절기중소설인목요일오후녜요박인옥님잘지내시죠??				수진헤어		평가
2012-11-11	본인	생일축하	박인옥님생일축하드려요~한달안에오시면 펌/염색중하나를 30%DC해드립니다~				수진헤어		평가
2012-10-28	본인	오실때쯤	떨어지는 낙엽과차한잔이생각나는10월의마지막휴일박인옥님잘지내시죠??				수진헤어		평가
2012-10-03	본인	최수진	커트	일반커트	C 10,000	0			삭제
2012-09-27	본인	오실때쯤	시원한바람따뜻한차한잔의여유룸이가득한목요일오후박인옥님잘지내시죠??				수진헤어		평가
2012-09-07	본인	최수진	펌	셋팅펌	70,000	1,400			삭제
2012-08-28	본인	오실때쯤	태풍이가을을시샘하여바람이몹씨도부는화요일오후^^박인옥님잘지내시죠??				수진헤어		평가
2012-08-08	본인	최수진	염색	뿌리염색	C 40,000	800			삭제
2012-07-27	본인	오실때쯤	여름도절정을향하여가고있는 7월의마지막금요일오후박인옥님잘지내시죠??				수진헤어		평가
2012-07-23	본인	행사문자	☆ 수진헤어가 ★7월31일~8월2일까지 휴가및내부공사로 휴무하고 8월3일오픈합니다						평가
2012-07-10	본인	방문감사	박인옥님무료헤어맛사지 꼭~받으러오세요!토/일요일은죄송하지만안되요~				수진헤어		평가
2012-07-07	본인	김혜진	펌	일반펌	60,000	1,200			삭제
2012-06-22	본인	오실때쯤	박인옥님 따뜻한 마음과 여유를생각하는 하루~ 행복한 금요일되세요~^0^				수진헤어		평가
2012-06-05	본인	방문감사	박인옥님머리결을위해준비한 헤어맛사지받으러오세요!토/일요일은안되요~				수진헤어		평가
2012-06-02	본인	최수진	염색	일반염색	50,000	1,000			삭제

[1-2 그림(재방문고객입력)]

(3) 점판 입력

빨간 네모 박스 안에 점판하기 버튼을 누르면 매장 내에서 판매되고 있는 제품들이 나타나며 제품을 클릭 시 수량의 개수만큼 점판을 할 수가 있다. 단, 점판 제품 등록 및 재고 수량은 관리자 화면에서 생성해 주어야 한다.

[1-3 그림(점판입력)]

(4) 가족 및 친구 관리

가족 관리를 클릭하면 가족이나 지인을 입력할 수 있다. 가족 전체의 마일리지가 하나로 통합되는 동시에 고객의 개인정보란에 있는 가족필드에 가족들의 성명이 등록되는 것을 볼 수 있다.

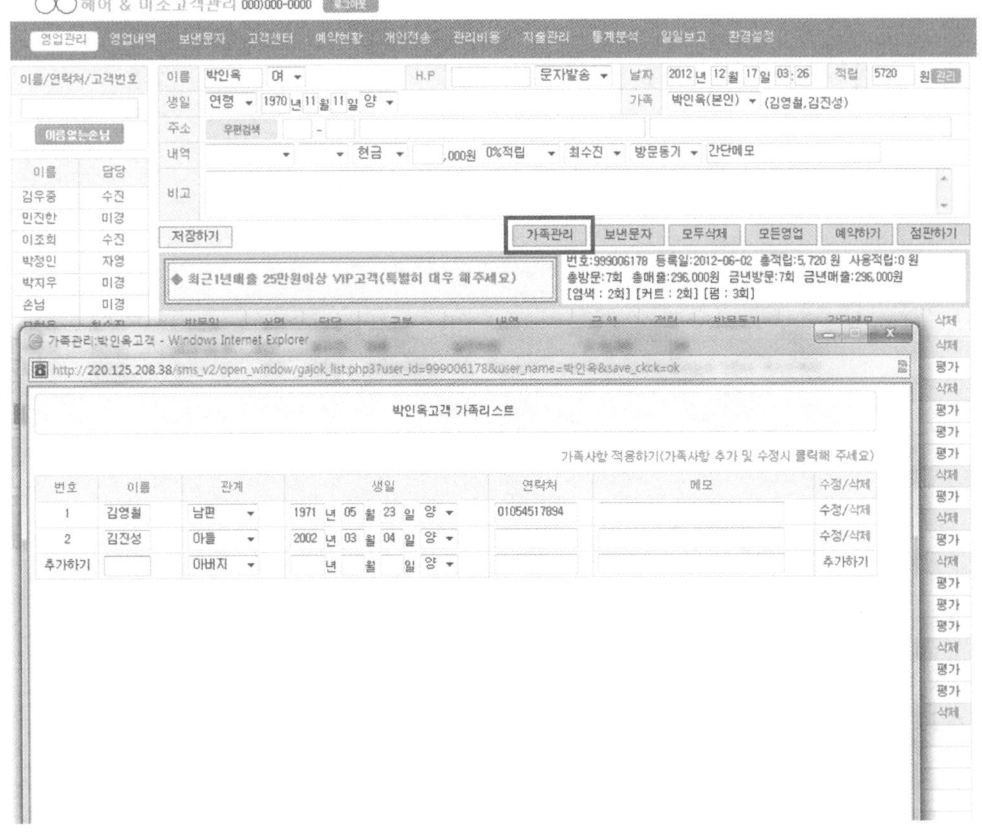

[1-4 그림(가족 및 친구 입력)]

(5) 일일 결산 출력

금일결산은 하루 단위로 매출을 직원별 / 시간별 / 현금수입 / 카드수입으로 출력해 볼
수가 있다.

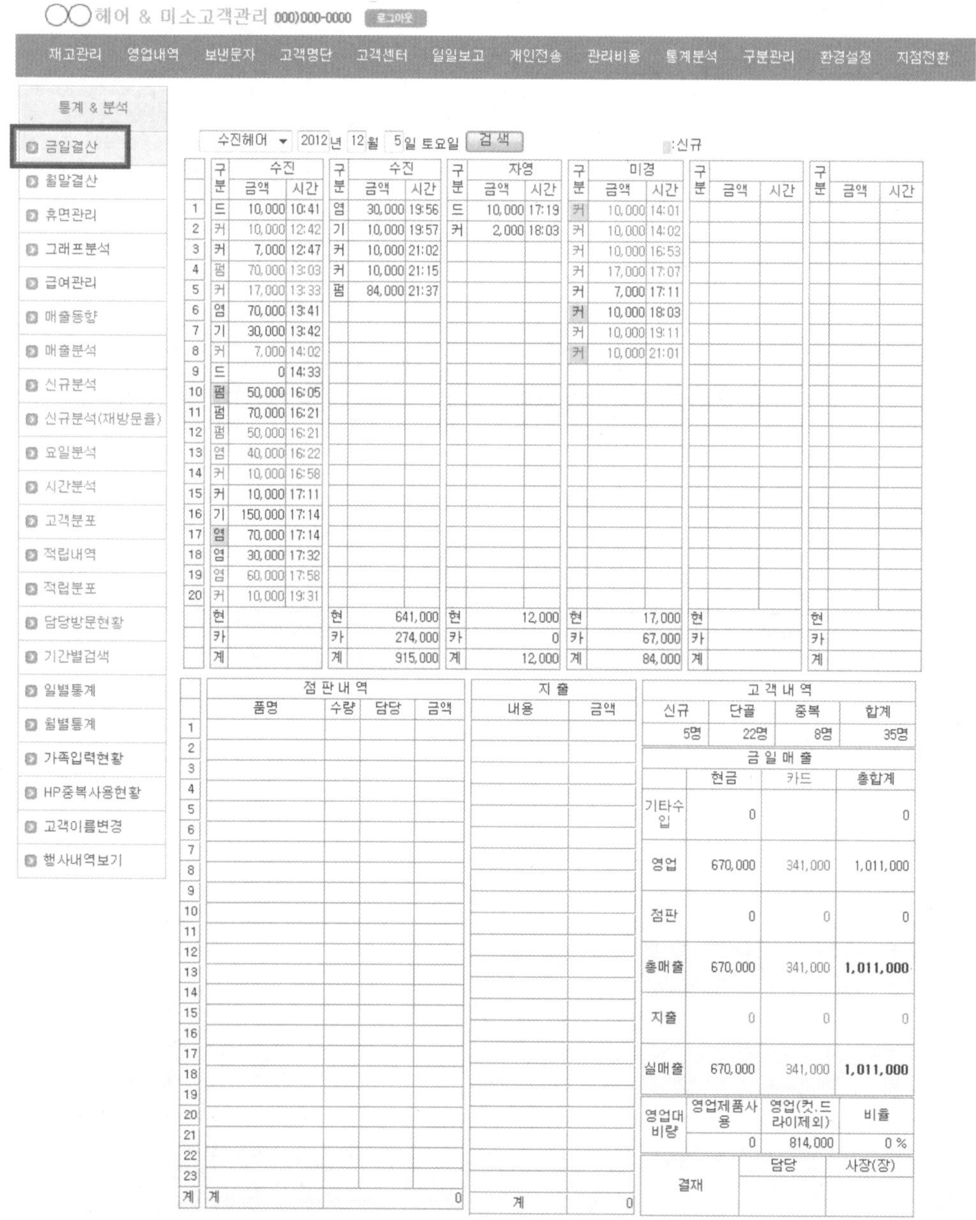

	구분	수진 금액	시간	구분	수진 금액	시간	구분	자영 금액	시간	구분	미경 금액	시간	구분	금액	시간	구분	금액	시간
1	드	10,000	10:41	염	30,000	19:56	드	10,000	17:19	커	10,000	14:01						
2	커	10,000	12:42	기	10,000	19:57	커	2,000	18:03	커	10,000	14:02						
3	커	7,000	12:47	커	10,000	21:02				커	10,000	16:53						
4	펌	70,000	13:03	커	10,000	21:15				커	17,000	17:07						
5	커	17,000	13:33	펌	84,000	21:37				커	7,000	17:11						
6	염	70,000	13:41							커	10,000	18:03						
7	기	30,000	13:42							커	10,000	19:11						
8	커	7,000	14:02							커	10,000	21:01						
9	드	0	14:33															
10	펌	50,000	16:05															
11	펌	70,000	16:21															
12	펌	50,000	16:21															
13	염	40,000	16:22															
14	커	10,000	16:58															
15	커	10,000	17:11															
16	기	150,000	17:14															
17	염	70,000	17:14															
18	염	30,000	17:32															
19	염	60,000	17:58															
20	커	10,000	19:31															
	현			현	641,000		현	12,000		현	17,000		현			현		
	카			카	274,000		카	0		카	67,000		카			카		
	계			계	915,000		계	12,000		계	84,000		계			계		

	점 판 내 역 품명	수량	담당	금액	지 출 내용	금액
1						
2						
3						
4						
5						
6						
7						
8						
9						
10						
11						
12						
13						
14						
15						
16						
17						
18						
19						
20						
21						
22						
23						
계	계			0	계	0

고 객 내 역

신규	단골	중복	합계
5명	22명	8명	35명

금 일 매 출

	현금	카드	총합계
기타수입	0		0
영업	670,000	341,000	1,011,000
점판	0	0	0
총매출	670,000	341,000	**1,011,000**
지출	0	0	0
실매출	670,000	341,000	**1,011,000**

영업대비량	영업제품사용	영업(컷.드라이제외)	비율
	0	814,000	0 %

결재	담당	사장(장)

[2-1 그림(일일 결산 출력)]

(6) 월말 결산 출력

월말 결산은 기간별로 검색을 지원하는 동시에 직원별 상세 매출내역을 볼 수 있다.

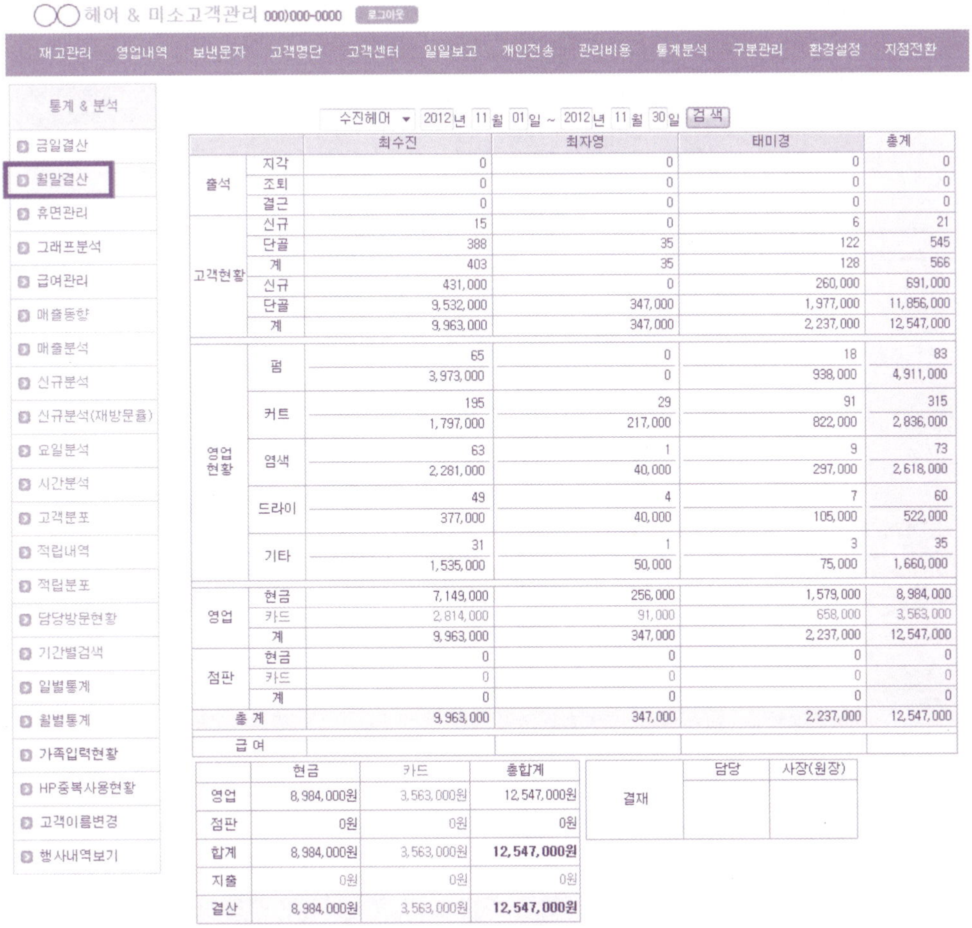

○○ 헤어 & 미소고객관리 000)000-0000 로그아웃

재고관리　영업내역　보낸문자　고객명단　고객센터　일일보고　개인전송　관리비용　통계분석　구분관리　환경설정　지점전환

통계 & 분석

- 금일결산
- 월말결산
- 휴면관리
- 그래프분석
- 급여관리
- 매출동향
- 매출분석
- 신규분석
- 신규분석(재방문율)
- 요일분석
- 시간분석
- 고객분포
- 적립내역
- 적립분포
- 담당방문현황
- 기간별검색
- 일별통계
- 월별통계
- 가족입력현황
- HP중복사용현황
- 고객이름변경
- 행사내역보기

수진헤어 ▼ 2012년 11월 01일 ~ 2012년 11월 30일 [검색]

		최수진	최자영	태미경	총계
출석	지각	0	0	0	0
	조퇴	0	0	0	0
	결근	0	0	0	0
고객현황	신규	15	0	6	21
	단골	388	35	122	545
	계	403	35	128	566
	신규	431,000	0	260,000	691,000
	단골	9,532,000	347,000	1,977,000	11,856,000
	계	9,963,000	347,000	2,237,000	12,547,000
영업현황	펌	65	0	18	83
		3,973,000	0	938,000	4,911,000
	커트	195	29	91	315
		1,797,000	217,000	822,000	2,836,000
	염색	63	1	9	73
		2,281,000	40,000	297,000	2,618,000
	드라이	49	4	7	60
		377,000	40,000	105,000	522,000
	기타	31	1	3	35
		1,535,000	50,000	75,000	1,660,000
영업	현금	7,149,000	256,000	1,579,000	8,984,000
	카드	2,814,000	91,000	658,000	3,563,000
	계	9,963,000	347,000	2,237,000	12,547,000
점판	현금	0	0	0	0
	카드	0	0	0	0
	계	0	0	0	0
총 계		9,963,000	347,000	2,237,000	12,547,000
급 여					

	현금	카드	총합계
영업	8,984,000원	3,563,000원	12,547,000원
점판	0원	0원	0원
합계	8,984,000원	3,563,000원	**12,547,000원**
지출	0원	0원	0원
결산	8,984,000원	3,563,000원	**12,547,000원**

결재	담당	사장(원장)

[2-2 그림(월말 결산 출력)]

(7) 휴면 고객관계 관리 출력

휴면관리는 담당 디자이너별로 휴면고객 발생률을 체크하여 고객의 재방문율을 높이는 데 사용할 수가 있다. 또한, 다양한 조건식을 넣고 검색할 수 있다.

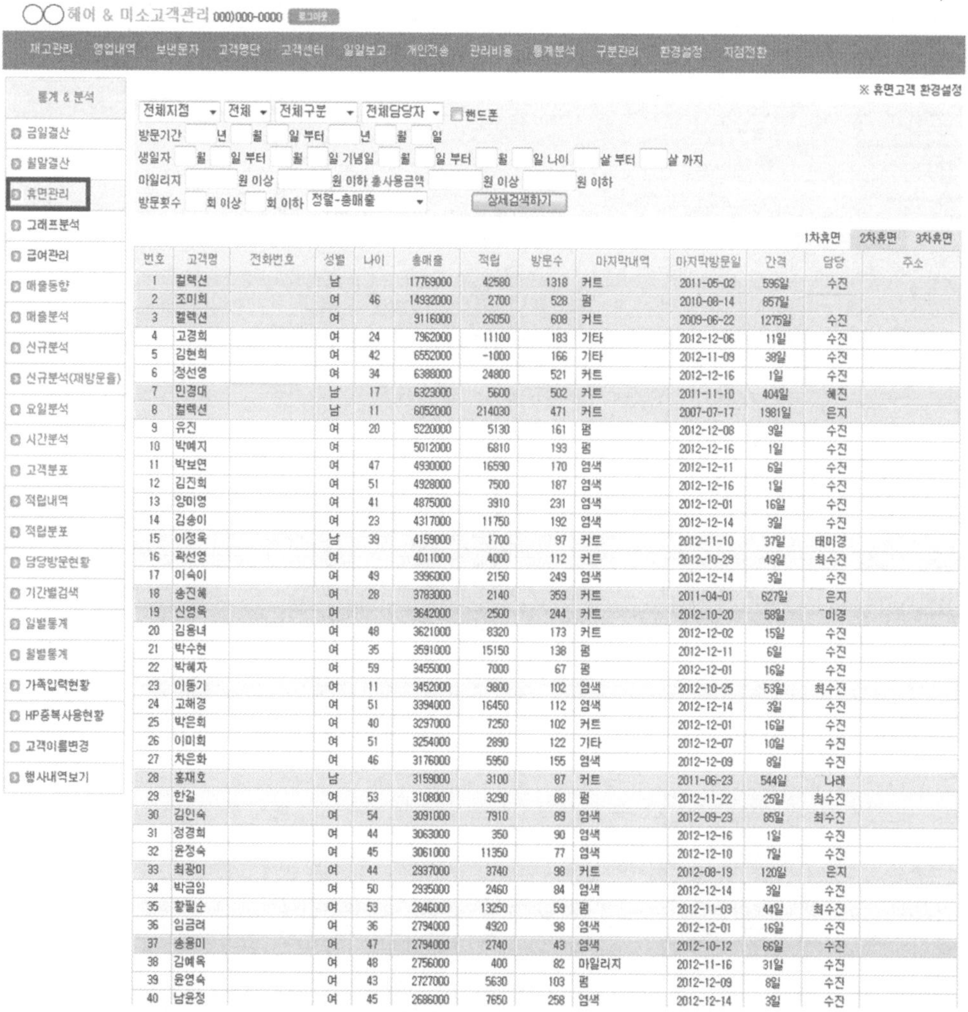

번호	고객명	전화번호	성별	나이	총매출	적립	방문수	마지막내역	마지막방문일	간격	담당	주소
1	컬렉션		남		17769000	42580	1318	커트	2011-05-02	596일	수진	
2	조미희		여	46	14932000	2700	528	펌	2010-08-14	857일		
3	컬렉션		여		9116000	26050	608	커트	2009-06-22	1275일	수진	
4	고경희		여	24	7962000	11100	183	기타	2012-12-06	11일	수진	
5	김현희		여	42	6552000	-1000	166	기타	2012-11-09	38일	수진	
6	정선영		여	34	6388000	24800	521	커트	2012-12-16	1일	수진	
7	민경대		남	17	6323000	5600	502	커트	2011-11-10	404일	혜진	
8	컬렉션		남	11	6052000	214030	471	커트	2007-07-17	1981일	은지	
9	유진		여	20	5220000	5130	161	펌	2012-12-08	9일	수진	
10	박예지		여		5012000	6810	193	펌	2012-12-16	1일	수진	
11	박보연		여	47	4930000	16590	170	염색	2012-12-11	6일	수진	
12	김진희		여	51	4928000	7500	187	염색	2012-12-16	1일	수진	
13	양미영		여	41	4875000	3910	231	염색	2012-12-01	16일	수진	
14	김송이		여	23	4317000	11750	192	염색	2012-12-14	3일	수진	
15	이정욱		남	39	4159000	1700	97	커트	2012-11-10	37일	태미경	
16	곽선영		여		4011000	4000	112	커트	2012-10-29	49일	최수진	
17	이숙이		여	49	3396000	2150	249	염색	2012-12-14	3일	수진	
18	송진혜		여	28	3783000	2140	359	커트	2011-04-01	627일	은지	
19	신영욱		여		3642000	2500	244	커트	2012-10-20	58일	미경	
20	김용녀		여	48	3621000	8320	173	커트	2012-12-02	15일	수진	
21	박수현		여	35	3591000	15150	138	펌	2012-12-11	6일	수진	
22	박혜자		여	59	3455000	7000	67	펌	2012-12-01	16일	수진	
23	이동기		여	11	3452000	9800	102	염색	2012-10-25	53일	최수진	
24	고해경		여	51	3394000	16450	112	염색	2012-12-14	3일	수진	
25	박은희		여	40	3297000	7250	102	커트	2012-12-01	16일	수진	
26	이미회		여	51	3254000	2890	122	기타	2012-12-07	10일	수진	
27	차은화		여	46	3176000	5950	155	염색	2012-12-09	8일	수진	
28	홍재호		남		3159000	3100	87	커트	2011-06-23	544일	나래	
29	한길		여	53	3108000	3290	88	펌	2012-11-22	25일	최수진	
30	김인숙		여	54	3091000	7910	89	염색	2012-09-23	85일	최수진	
31	정경희		여	44	3063000	350	90	염색	2012-12-16	1일	수진	
32	윤정숙		여	45	3061000	11350	77	염색	2012-12-10	7일	수진	
33	최광미		여	44	2937000	3740	98	커트	2012-08-19	120일	은지	
34	박금임		여	50	2935000	2460	84	염색	2012-12-14	3일	수진	
35	황필순		여	53	2846000	13250	59	펌	2012-11-03	44일	최수진	
36	임금려		여	36	2794000	4920	98	염색	2012-12-01	16일	수진	
37	송용미		여	47	2794000	2740	43	염색	2012-10-12	66일	수진	
38	김예욱		여	48	2756000	400	82	마일리지	2012-11-16	31일	수진	
39	윤영숙		여	43	2727000	5630	103	펌	2012-12-09	8일	수진	
40	남윤정		여	45	2686000	7650	258	염색	2012-12-14	3일	수진	

[2-3 그림(휴면 고객관계 관리 출력)]

(8) 그래프 분석 출력

그래프 분석은 매출 / 적립금 / 휴면고객 / 담당자별 실적 등을 그래프로 확인할 수 있
는 기능이다.

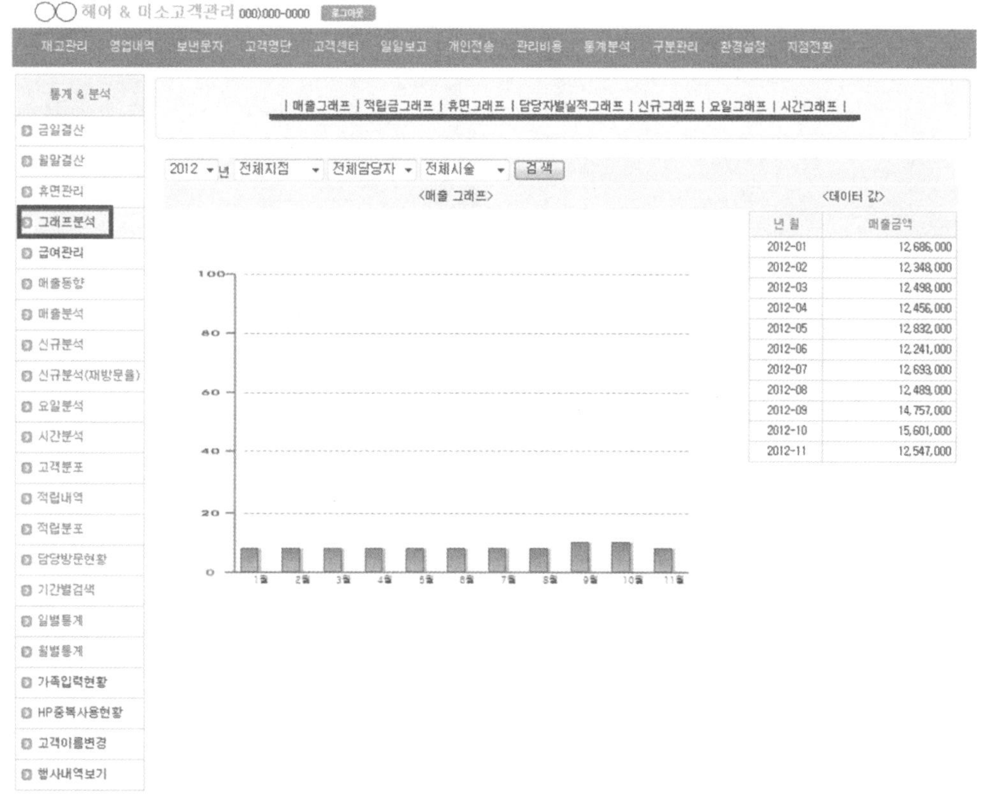

[2-4 그림(그래프 분석 출력)]

(9) 급여 관리 출력

급여 관리 화면은 월별 총매출을 기본 근거로 실적수당과 공제금액을 넣게 되면 자동으로 급여액이 산정되어 출력되는 기능이다.

적용된 급여날짜 [~]				수진 산출액	공제내역			
내역	구분	매출액	수당		번호	구분	내역	금액
기본급				0	1	결근		
시술매출	현금급여 수당	4284000	0 %	0	2	지각		
시술매출	카드급여 수당	1983000	0 %	0	3	조퇴		
시술매출	프로모션 수당	0	0 %	0	4	가불		
시간급여		0	0	0	5	국민연금		
특별수당					6	의료보험		
특별수당					7	공제		
특별수당					8	산재보험		
특별수당					9	퇴직금적립		
급여 합계	시술매출합계 = 6,267,000			0	10	시술비		
점판매출	점판현금 수당	0	0 %	0	11	제품비		
점판매출	점판카드 수당	0	0 %	0	12	기타1		
점판매출	프로모션 수당	0	0 %	0	13	기타2		
점판매출	특별수당				14			
점판 합계	점판매출합계 = 0			0	15			
급여 총 합계	매출 총합계 = 6,267,000			0	공제 합계			0
전월급여	0	전월대비편차		0	공제후 실급여액			0

[2-5 그림(급여 관리 출력)]

(10) 신규분석 출력

신규고객을 1년 단위로 정밀 분석한 것으로써 시술 종목별로 신규고객 접객 현황을 볼
수 있다.

날짜	커트	펌	염색	드라이	기타	문자미발송	기타영업	합계
2011-01	31	8	0	2	0	0	0	41
2011-02	27	10	5	1	1	0	0	44
2011-03	29	11	6	1	1	0	0	48
2011-04	22	4	4	0	1	0	0	31
2011-05	38	9	4	2	1	0	0	54
2011-06	22	3	8	1	0	0	0	34
2011-07	17	17	3	0	0	0	0	37
2011-08	17	11	3	0	0	0	0	31
2011-09	9	13	3	1	1	0	0	27
2011-10	14	5	3	0	0	0	0	22
2011-11	15	9	3	0	0	0	0	27
2011-12	11	13	4	0	0	0	0	28
총합계	252	113	46	8	5	0	0	424

[2-6 그림(신규분석 출력)]

(11) 입점 시간대별 분석

시간 분석은 하루 중에 고객이 가장 많이 내방하는 시간대와 분산되는 시간대를 보여준다(1년 단위로 검색해볼 수 있다).

년 월	0~9	9~10	10~11	11~12	12~1	1~2	2~3	3~4	4~5	5~6	6~7	7~8	8~9	9~10	10~11	11~12	합계
2012-01	0	1	18	41	40	71	44	55	76	70	83	49	28	7	0	0	583
2012-02	0	2	12	34	38	41	45	52	63	75	76	52	45	7	0	0	542
2012-03	0	2	25	44	49	60	56	72	62	83	64	59	51	15	0	0	642
2012-04	0	1	13	24	49	62	45	47	50	76	65	54	70	14	0	0	570
2012-05	0	1	27	41	44	48	50	47	70	81	74	85	68	8	4	0	648
2012-06	0	4	32	44	48	51	42	52	54	66	59	58	46	20	0	0	576
2012-07	0	5	19	32	59	41	54	52	59	84	59	59	42	15	0	0	580
2012-08	0	2	12	38	30	51	63	41	55	64	66	66	62	16	0	0	566
2012-09	0	3	36	30	38	38	46	65	64	63	74	79	48	14	3	0	601
2012-10	0	3	26	42	35	53	65	67	80	99	75	72	54	7	0	0	678
2012-11	0	5	20	33	42	57	36	59	54	74	83	67	49	7	1	0	587
2012-12	0	1	2	21	23	32	36	35	31	48	45	40	16	9	0	0	339

[2-7 그림(입점 시간대별 분석)]

(12) 휴면고객 관리

휴면 1차 관리는 휴면고객으로 분류되기 시작하는 고객으로서 좀 더 강한 공격적 마케팅이 필요한 고객이다. 주로 적립된 마일리지를 적극 사용할 것을 권하는 방식으로 관리한다. 또는 마일리지 금액이 낮을 경우엔 일정금액 자동 상향시켜서 관리하기도 한다.

[3-3 그림(휴면고객 관리)]

1. 고객전표작성을 통한 ERP 프로그램 활용과 분석

1) 고객개인정보 관리

① 방문 요일과 일시   ② 성명, 주소, 전화번호

③ 생년월일   ④ 방문 동기

⑤ 서비스요금, 제품명, 사용량   ⑥ 서비스 내역

2) 정보 입력

① 신규 고객 입력	신규 고객의 신상정보. 시술내역. 점판내역 등을 입력한다.
② 재방문 고객 입력	등록된 고객을 검색하고 시술내역. 점판내역 등을 추가로 입력한다.
③ 제품 입출고 입력	제품의 입출고와 판매 내역을 입력한다.
④ 가족 및 친구 입력	고객 본인 이외의 가족 또는 지인을 입력한다.

3) 통계 출력을 통한 분석

① 금일결산 출력	일일 단위로 매출을 분석한다.
② 월말결산 출력	월말 단위로 매출을 분석한다.
③ 휴면관리 출력	어떤 직원이 무슨 시술을 했을 때 몇 퍼센트의 휴면고객을 분석한다.
④ 그래프분석 출력	담당자별로 1년간의 매출. 적립금. 휴면. 실적을 분석한다.
⑤ 급여관리 출력	매출을 기준으로 실적수당과 공제 내역을 입력하여 실 급여액 분석한다.
⑥ 신규분석 출력	담당자별로 신규고객을 접객한 수 분석한다.
⑦ 시간분석 출력	하루를 기준으로 1시간 단위로 고객을 접객한 내역을 1년 치 통계 분석한다.
⑧ 월별통계 출력	1년 매출을 월별. 시술별. 현금매출. 카드매출 분석한다.

4) 영업 내역을 분석한 결과를 통하여 영업현황에 관하여 추정

1-2. 학습 정리

1. 고객관계 관리는 일반적으로 새로운 신규고객유치보다는 기존고객의 충성도에 집중하여 관리하겠다는 측면이다.

2. 분석 CRM의 경우는 고객정보(개인정보+ 구매정보)를 DB로 구축하여 이를 분석하여 광고나 프로모션에 이용하는 것이다.

3. 운영 CRM의 경우는 콜센터나 고객 센터같이 고객과 접촉하며 이들에게 서비스를 제공 하여 고객충성 도에 영향을 미치는 것을 말한다.

4. 기업의 판매 전략의 변천은 산업혁명(생산우선 시대), 1970년대(판매우선 시대), 1980년대(마케팅 시대), 1990년대(고객중심 시대)이다.

5. 고객관계 관리의 목적은 신규고객의 발굴, 고객을 선별, 기존 고객의 재구매 유도, 고객과의 관계 형성하기 위함이다.

6. 고객관계 관리의 궁극적 목표는 고객을 관리하는 데 필수적인 정보를 정리하여 질 좋은 서비스를 제공하여, 장기적으로 고객과의 관계 강화를 통해 기업의 수익성을 최대화하는 것이다.

7. 고객관계 관리는 고정고객을 증가시키고 충성고객을 만들어 줌으로 기업의 발전에 많은 영향을 준다.

8. 커스터마이제이션(Customization)이란, '주문에 따라 만듦' 또는 '고객 맞춤화'를 의미한다. 고객의 취향을 파악하고 요구사항에 맞춘 상품 또는 적합한 맥락과 내용물 등을 고객의 취향에 맞추거나, 고객 스스로 자신의 선호정보를 입력하여 맞추는 것을 말한다.

9. 데이터마이닝이란, 데이터베이스로부터 과거에는 알지 못했지만, 데이터 속에서 유도된 새로운 데이터 모델을 발견하여 미래에 실행 가능한 정보를 추출해 내고 의사 결정에 이용하는 과정을 말한다.

10. 전사적 자원관리(ERP)란, 기업 전체를 경영자원의 효과적 이용이라는 관점에서 통합적으로 관리하고 경영의 효율화를 기하기 위한 수단이다. 쉽게 말해 정보의 통합을 위해 기업의 모든 자원을 최적으로 관리하자는 개념으로 기업자원관리 혹은 업무 통합관리라고 볼 수 있다.

뷰티서비스
고객관리와
경영관리

Customer and Business Management of Beauty Service

3장

고객만족 서비스

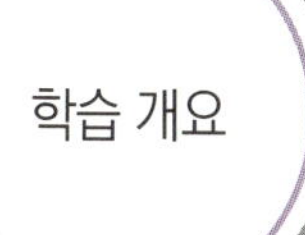

학습 개요

고객응대 서비스는 단순히 고객접점에서 인사하고 서비스를 제공하는 것으로 끝나는 것이 아닌, 서비스의 특성과 서비스 제공에 필요한 요소를 파악하여 서비스 프로세스를 개발하고 시스템화하여 균일한 서비스 품질을 제공하는 것이 목적이다. 그러므로 고객응대 서비스를 통한 고객감동 서비스를 제공하는 데 필요한 요소에 관하여 학습한다.

주요 용어

무형성(Intangibility), 비분리성(Inseparability), 이질성(Heterogeneity), 소멸성(Perishability), 대인지각론(Person perception), 초두효과, 맥락효과, 후광효과, 부정성 효과, TPO 인사법, 목례, 약례, 보통례, 정중례, 1,2,3 법칙, 폐쇄적 질문, 개방적 질문, 부정형 질문, 긍정형 질문, 의뢰형 질문, 경청, 매슬로우의 동기이론(Maslow's motivation theory),

01 고객응대

1. 고객응대 서비스 개념을 파악하여 고객응대 매뉴얼 구축과 고객서비스에 적용할 수 있다.
2. TPO 인사법을 통한 고객관계 구축에 적용할 매뉴얼을 구성할 수 있다.
3. 접객 시 고객 대화법, 전화응대, 상황별 접객멘트 매뉴얼을 구축할 수 있다.

1. 고객응대

1) 서비스란

미국마케팅협회(AMA)는 '서비스'를 '판매를 위하여 제공되거나, 상품판매와의 관계에서 준비되는 재활동, 편익, 만족'이라고 정의하고 있다. 유형의 상품과 무형의 서비스를 비교해 보면 서비스는 형체가 없어 무형성이며, 생산, 구매, 소비가 동시에 이루어지는 특성이 있고, 표준화, 규격화하기 어려우며 저장과 보관이 가능하다는 특성을 가지고 있다. 동시성 또는 비분리성이라고 한다. 서비스를 표준화와 규격화하기 어려우므로 이질성이라고 하며, 저장과 보관을 할 수 없으므로 소멸성이라는 특성이 있다.

뷰티서비스는 미용기술을 바탕으로 서비스를 제공한다는 점에서 일반 서비스와 차이를 보인다. 그래서 뷰티서비스는 미용기술을 바탕으로 높은 서비스품질을 통해 고객에게 미적가치를 제공하는 모든 서비스 활동이라 정의할 수 있다.

구분	특성
무형성(Intangibility)	눈에 보이는 형태로 제시하기 힘들다.
비분리성(Inseparability)	생산과 소비가 동시에 일어난다.
이질성(Heterogeneity)	고객이 경험하는 서비스는 언제나 다르다.
소멸성(Perishability)	서비스를 사용하는 동시에 사라진다.

서비스와 제품의 차이

Service		Product
무(無)	형체	형체가 판매에 중요한 영향을 미침
무(無)	재고	재고 관리가 중요한 관리 항목 중 하나
무(無)	이동	유통 및 판매를 위한 이동 필요
불가능(不可能)	소유	소유 자산(재고 자산) 분류

(1) 고객응대(서비스)의 10계명

① 고객의 입장에서 생각하고 판단하라.

② 따뜻한 미소로 고객의 마음을 녹여라.

③ 고객의 이름을 불러 주어라.

④ 진실의 순간 15초 안에 고객을 KO 시켜라.

⑤ 고객의 존재를 부추겨 세워라.

⑥ 고객은 판매 대상이 아니라 월급을 주는 사람이라는 신념을 지녀라.

⑦ 고객은 돈이라는 신념을 지녀라.

⑧ 고객은 손님이 아니라 주인으로 모셔라.

⑨ 서비스 맨 이라는 자부심을 가져라.

⑩ 불평하는 고객을 존중하라.

2) 이미지 메이킹

고객의 접객에 있어서 자신의 이미지 연출은 매우 중요하다. 만약 나를 맞이하는 직원이 퉁명스러운 표정과 말투, 헤어스타일은 막 자다가 일어난 스타일에 옷은 구겨져 있고 슬리퍼를 신고 맞이한다고 생각하면 우리는 어떨까? 다시 방문하여 제품을 구매하고 싶은 생각이 들까?

첫인상은 표정에서 비롯된다. 이미지 형성에 가장 중요한 것이 첫인상이라는 것을 생각해야 한다.

(1) 대인지각론(Person perception , 對人知覺)

고든 엘포트(Gordon W. Allport)의 대인지각론은 상대방의 심리상태나 사회적 상태에 대한 판단하는 능력이다. 상대방의 외모, 다양한 언행으로부터 상대방의 성격, 감정, 의도, 욕구, 능력 등 내면에 있는 특성과 심리적인 과정을 추론하는 것이다. 이러한 정보들은 정확하지 않을 수 있으며, 많은 경우에 서로 모순되는 경우도 있다. 일단 형성된 인상은 상대방과의 교류 시 다각적인 영향을 주며, 상대방의 추후 행위를 해석하는 데 영향을 끼친다. "매력적이고 좋은 첫인상을 강하게 남겨라."

대인지각의 특징은 다음과 같다.

① 첫인상 등 최초에 얻은 정보에 의하여 강하게 규정되는 초출효과(初出效果)가 현저하다.

② 어떤 측면에 대한 평가가 다른 측면에까지 확대되는 후광효과(後光效果)가 강하다.

③ 자기 자신의 심리적 상태를 인지하는 상대에게 투사하는 경향이 있다.

④ 상대를 정확히 인지하는 능력에는 개인차가 있다.

⑤ 대인지각의 오류로는 고정관념, 암묵적 성격, 후광효과, 자성예언, 귀인오류, 탈개인화 등이 있다.

(2) 첫인상 형성의 특징

① 신속한 전달이 된다.

② 일방적 전달이 된다.

③ 지속적 대인관계 영향을 준다.

④ 회수 불가능하다.

⑤ 편견으로 고정관념이 형성된다.

(3) 첫인상의 중요성

가. 초두효과

먼저 들어온 정보에 뒤이어 들어온 정보를 받아들이려 하지 않는 현상, 첫 만남 시 최대한 자신의 장점을 부각해야 한다.

나. 맥락효과

처음에 들어온 정보가 나중에 들어온 정보의 처리 지침이 되고 전반적 맥락을 제공하는 효과이다.

다. 후광효과

'좋은 사람'이라는 인상이 형성되면 그 사람의 모든 면이 긍정적으로 인식하게 된다. 논리적 판단과 관계없이 긍정적인 특성들은 그 특성끼리 모여 있을 것이라고 인식하여 다 좋게 생각하는 효과가 있다.

라. 부정적 효과

긍정적 특성보다 부정적인 특성이 개인의 인상을 결정하는 데 있어 더 지배적이다. 어떤 한 가지 단점에 의해 전체적으로 부정적 평가를 받게 된다.

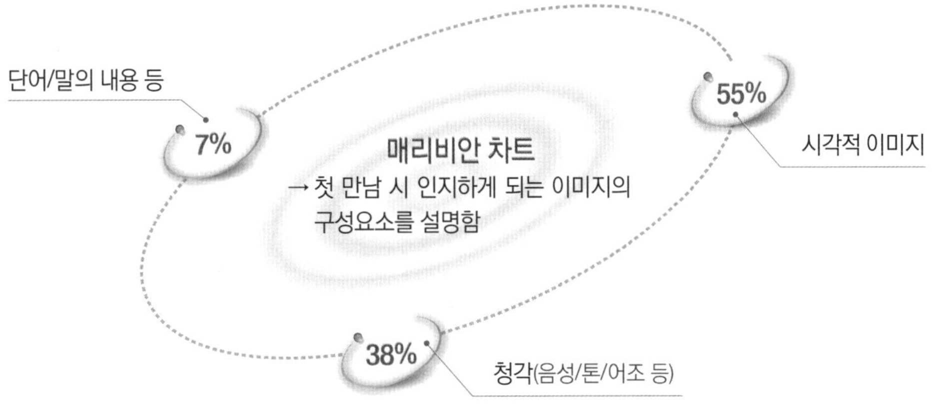

" 표정은 마음의 정표를 표현하는 것임 "

① 예의바른 자세

② 밝은 인사

③ 온화한 표정

④ 단정한 용모와 복장

⑤ 부드러운 말씨

⑥ 고객의 말에 경청

→ 고객에게 호감을 주는 이미지 창출의 기본 요소이다.

- 긍정적 표현은 고객으로 하여금 호감과 설득력을 향상해준다.

- 서비스 종사원들은 항상 미소와 청결한 복장을 유지해야 한다.

1) 인사법

(1) 인사의 종류

① 눈인사

② 약식인사

③ 보통례

④ 정중례

⑤ 좌례

⑥ 거수경례

" 인사의 종류를 알고, 시기에 따라 적절히 활용하라."

(2) 눈인사(목례)

- 가장 가벼운 인사로 눈이 마주쳤을 때 말없이 고개를 끄덕이며, 눈으로 하는 인사법이다.

- 앉아 있거나 서 있을 때, 직접 관계가 없는 방문객이 돌아가려고 할 때 등

- 화장실·목욕탕·사우나 등 여러 사람이 사용하는 장소

- 언제나 웃는 얼굴로 고개만 가볍게 숙인다.

(3) 약식인사(약례)

- 눈인사보다 정중하나, 보통례보다 단순한 인사법이다.

- 동네 어른을 만날 때

- 복도나 계단을 지나다 상사나 동료들을 만날 때

- 직장에서 고객으로 보이는 모르는 사람이 지나갈 때

- 하루에도 여러 번 만나는 분들께 만날 때마다

- 등산객이 서로 마주칠 때

- 길을 몰라서 지나가는 사람에게 길을 물을 때

  "안녕하십니까?" 또는 "반갑습니다."라고 인사말을 건네며 인사를 하며, 일어서서 허리를 15도 정도로 굽히고 약 2초 정도 유지한다.

(4) 보통인사(보통례)

- 일반적으로 하는 인사, 비슷한 연배의 사람들끼리 나누는 인사법이다.

- 주로 같은 나이 또래와 처음 만날 때

- 사회 활동에서 보편적으로 처음 인사 나눌 때

- 연배가 비슷한 학교 및 사회 선배에게 인사할 때

- 고객에게 인사할 때

  다리를 모으고 손은 쥐어 팔을 몸에 살짝 닿게 하고 허리를 30도 정도 굽혀 4초 정도 인사한다. "안녕하십니까?"라고 인사말을 한다.

(5) 정중한 인사(정중례)

- 가장 정중한 인사, 어려운 사람들을 만났을 때 하는 인사법이다.

- 나이 차이가 심한 선배나 웃어른께 인사할 때

- 부모님이나 스승님께 인사할 때

- 직위가 높거나 훌륭한 분께 인사할 때

- 은혜를 입은 존경하는 분께 인사할 때

- 결혼식에서 주례 선생님 또는 하객에게 인사할 때

- 사돈끼리 길에서 만났을 때

- 약 45도 정도 허리를 굽혀 6초 정도 인사한다.

인사는 상대방을 존경하고 인정하며, 반가움을 나타내는 것으로 서비스업의 성공 열쇠가 될 수 있다. 형식에 얽매여서 하는 딱딱한 인사보다는 서로의 따뜻한 마음을 주고받을 수 있는 정겨운 인사를 하는 습관을 길러야 한다.

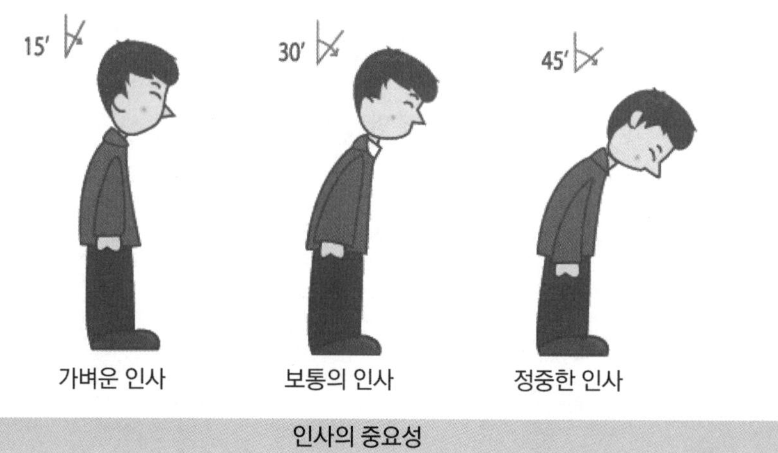

인사의 중요성

2) TPO 인사법

(1) 시간, 장소, 상황에 맞는 인사

인사는 시간, 장소, 상황에 따라 적절한 방법이 있으며, 상대방을 배려하는 것이 원칙이므로 상대방의 상황을 먼저 생각해야 한다.

상대방을 배려하는 다섯 가지의 인사말

① 안녕하십니까?　　② 알겠습니다.　　③ 실례합니다.
④ 죄송합니다.　　⑤ 감사합니다.

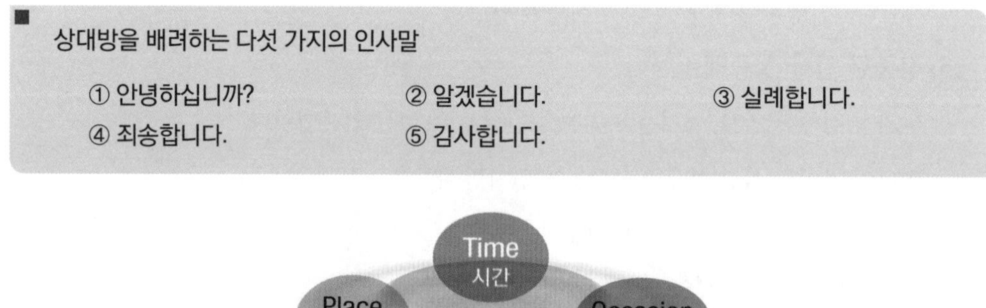

 뷰티서비스 **고객관리와 경영관리**

(2) Time(시간)에 맞는 인사

가. 외출할 때

① 출발 전 상사 / 동료에게 인사한다.

② 돌아왔을 때에도 인사한다.

나. 퇴근할 때

① 상사보다 먼저 퇴근하게 될 경우 다가가 인사한다.

② 동료에게는 "죄송하지만, 먼저 퇴근하겠습니다."라고 인사한다.

(3) Place(장소)에 맞는 인사

가. 계단을 오를 때

계단을 오를 때 위에서 상사나 고객이 내려오면 상사나 고객이 내려갈 수 있도록 물러서서 가볍게 인사한다.

나. 계단을 내려갈 때

계단을 내려갈 때 아래에서 상사나 고객이 올라오면 계속해서 올라가기 쉽도록 한쪽으로 물러서서 상사나 고객이 같은 계단까지 올라오도록 기다리다가 가볍게 인사한다.

(4) Occasion(상황)에 맞는 인사

가. 서 있을 때

① 남자 : 차려자세로 서서 바지 재봉선 상의 중앙에 살며시 손을 대고 인사한다.

② 여자 : 오른손을 위로 하여 두 손을 모아 아랫배를 감싸듯이 인사한다.

나. 걸을 때

① 상대를 향해 가까이 다가가 바로 선 후 기본자세를 취하고 인사한다.

② 상급자인 경우에는 지나간 후에 움직인다.

다. 통화 중일 때

중요한 전화가 아니라면 상대에게 양해 후 전화를 끊고 인사를 나눈다.

라. 상대방이 먼저 인사할 때

바로바로 답례하고 인사는 먼저 보는 사람이 먼저 하는 것이다.

마. 손아랫사람을 만났을 때

부하 직원으로부터 인사를 받았을 때 가볍게 답례한다.

바. 손 윗분을 만났을 때

바르고 정확한 인사말과 함께 정중하게 하며 지나치게 허리를 굽히지 않는다.

(6) 적절한 인사말

" 인사말을 덧붙여 인사하라."

① 상투적인 말은 피하고, 간결하고 진실성 있게 말해야 한다.

② 경우에 맞는 인사말을 미리 생각해서 자연스럽게 말해야 한다.

③ 상대방의 관심사를 화제로 선택하고, 분위기에 어울리는 표현을 해야 한다.

④ 상대방의 긴장을 풀어주도록 최근 화제를 흥미롭게 표현해야 한다.

3) 호감 주는 표정 만들기

(1) 얼굴 근육 풀기 운동

가. 눈썹

검지를 펴서 눈썹 가까이에 대고 구령에 맞춰 눈썹을 위아래로 움직인다(감정 표현 할 때 많이 사용한다).

나. 눈동자

눈동자를 크게 뜨고 구령에 맞춰 위, 아래, 좌, 우로 움직인다(눈빛을 아름답게 만들어 주며, 항상 젊은 눈빛을 유지하는 데 도움이 된다).

다. 코

코를 구령에 맞춰 위아래로 찡그렸다 폈다 한다.

라. 볼

볼에 바람을 넣어 좌우 위아래로 바람을 이동시키며 볼의 근육을 풀어준다(입술 쪽에 있는 근육을 가장 잘 풀어주고, 이때 눈가와 이가 함께 웃어야만 엔도르핀을 분비하게 된다).

마. 입

"미소는 훌륭한 커뮤니케이션 수단임을 기억하자."

"하, 헤, 히, 호, 후" 큰 소리로 발음하며 입술을 크게 움직여 입술 근육을 풀어준다. 매력적인 입 모양을 만들어주며, 웃으면서 말하면서도 미소를 잃지 않을 수 있는 효과가 있다.

바. 훌륭한 대화 수단인 미소를 연습하라.

　① 미소와 웃음에 대한 인색함은 스스로에 대한 부정적 이미지가 형성된다.

　② 미소 연습을 통해 아름다운 미소를 만들어야 한다.

4) 목소리 관리하기(목소리 화장하기)

① 자세를 바로 한다.

② 음성 잘 관리한다.

③ 콧소리 없애고 이야기한다.

④ 날카로운 음성은 자제한다.

⑤ 발음은 정확하게 목소리는 낮게 한다.

⑥ 톡톡 튀는 밝은 목소리로 생동감 있게 이야기한다.

5) 복장과 마음가짐

(1) 머리와 손

　① 작업용 장갑과 손은 깨끗한가?

　② 머리카락이 흐트러지지 않았는가?

(2) 신발 상태

　① 운동화의 색상은 흰색으로 신고 있는가?

　② 운동화는 더럽거나 너무 낡지 않았는가?

(3) 휴대품 상태

　① 전달 용구는 청결한가?

　② 팸플릿이나 명함은 가지고 있는가?

　③ 청결한 수건을 휴대하고 있는가?

　④ 잔돈은 필요한 만큼 준비되어 있는가?

(4) 유니폼 청결 상태

① 명찰은 달고 있는가?

② 단추가 떨어지지 않았는가?

③ 상의 옷깃, 소매 청결 유지하는가?

④ 바지의 주름을 위해 다림질은 잘 되었는가?

⑤ 어깨에 머리카락, 비듬이 떨어져 있지 않은가?

(5) 복장체크 포인트(Point)

① 몸가짐 : 제복, 명찰, 모자, 신발, 미소, 화장

② 휴대품 : 거스름돈, 필기구, 판매거래장, 건강수첩,

　　　　 빨대, 숟가락, 수건 등

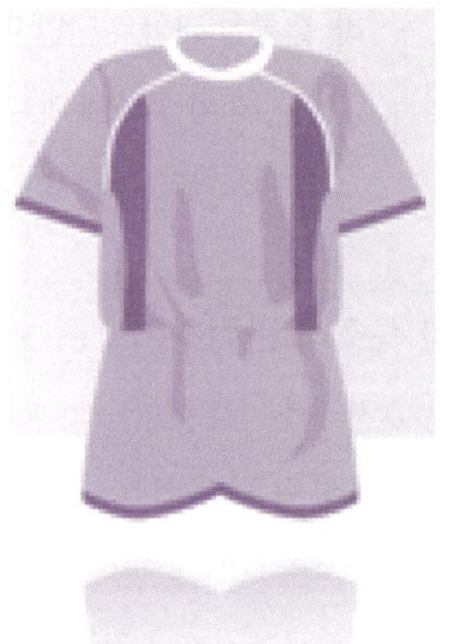

3. 고객응대 시 대화법

표정은 항상 밝고 명랑하게 유지해야 하며, 발음은 항상 정확하게 하고, 목소리는 밝게 한다. 시선은 상대방의 미간을 향하고 말의 속도는 너무 **빠르거나** 늦어서도 안 된다. 강조할 부분은 반드시 악센트를 주며, 알아듣기 쉬운 용어를 사용하고 말끝을 흐리지 않고 명료하게 전달해야 한다.

1) 123 법칙을 적용하라

사람들과 대화할 때 '123 법칙'을 항상 생각하라. 123 법칙은 1분간 이야기했다면 2분간 상대방의 이야기를 들어주고 그 시간 동안 세 번 이상 눈을 맞춘다는 것이다. 소통을 위해 가장 중요한 것은 상대방에게 나의 공감을 선물해주는 것이다. 대화를 통해 서로를 이해하고 배워가는 과정이 진정한 소통을 위한 바른 방법일 것이다.

(1) 대화 시 123 법칙의 효과

① 정보획득의 효과

② 호감도 상승의 효과

③ 불평 및 불만 예방 효과

(2) 맞장구 표현법

'맞장구를 통해 상대방의 호감을 살 수 있음'

① 가벼운 맞장구

② 동의의 맞장구

③ 정리하는 맞장구

④ 재촉하는 맞장구

2) 질문의 형식과 종류

(1) 폐쇄적 질문

① 한마디로 답이 되는 질문

② 토론을 차단할 소지가 있음

③ "예 혹은 아니요"로 대답할 수 있는 질문

④ 깊이 생각하지 않고 바로 답할 수 있는 질문

⑤ 상대방이 말한 내용의 확인 또는 단순한 선택을 묻는 질문

(2) 개방적 질문

① 생각을 자극하는 질문

② 둘 이상의 답이 있는 질문

③ 상대방이 지닌 가능성을 확대함

④ "예 혹은 아니요" 이상의 답이 요구되는 질문

⑤ "무엇을? 어떻게? 언제? 왜?"로 시작되는 질문

(3) 부정형 질문

① 질문 속에 "아니다"는 의미의 부정적 단어를 포함해 둔 질문

예 왜 일의 진행이 순조롭게 진행이 안 되지?

② 부정형 표현은 상대방에게 불쾌감을 줄 수 있다. 그러므로 완곡한 표현을 사용하여 상
대를 설득하는 표현을 사용한다.

예 "안 됩니다", "… 하면 가능 합니다"

"모르겠습니다", "… 한번 알아보겠습니다"

(4) 긍정형 질문

질문 속에 "아니다"는 의미가 없는 질문

예 어떻게 하면 일의 진행이 순조롭게 될까?

(5) 의뢰형 질문

부탁을 듣고 상대방이 스스로 결정해서 따라올 수 있도록 표현해야 한다.

예 "… 하세요?", "… 좀 해주시겠습니까?"

3) 과거형 질문과 미래형 질문

(1) 과거형 질문

① 질문 속에 과거형의 단어가 포함된 질문

② 미래를 바라보지 못하고 문제점만 부각하는 질문

③ 구성원에게 과거 잘못했던 경험, 과실 등을 다시 상기하게 하는 질문

예 "지금까지 어떻게 했어?"

(2) 미래형 질문

① 미래형 단어가 포함된 질문

② 상대의 가능성을 이끌어 내기 위해 상대의 의식을 미래로 향하게 하는 질문

예 "앞으로 어떻게 하고 싶어?"

4) 고객 만족 접객 대화법

대화는 고객에게 자신의 의사를 가장 빠르고 명확하게 전달하는 커뮤니케이션의 방법이자 고객과 더욱 나은 인간관계를 공유하게 해주는 수단이다. 그러므로 고객을 이해하고 받아들이려는 자세가 필요하며 열린 마음으로 대화에 임할 때 고객과의 진정한 대화가 이루어질 수 있다.

(1) 고객과 말을 할 때 매너

① 바른 자세로 공손하게 말한다.

② 자연스럽고 편안한 표정으로 대화한다.

③ 표정과 눈으로도 말하는 진지함을 잃지 않는다.

④ 때와 장소, 상황에 맞게 화제를 선정하여 대화한다.

⑤ 대화에 있어 분명한 발음과 밝은 음성으로 적당한 말의 속도가 필요 한다.

⑥ 상대가 질문하면 자신의 의견을 성의 있게 말하며 상대의 말에 경청한다.

(2) 고객에게 좋은 대화 상대가 되는 법

대화의 내용에 공감하라. 사람은 자신의 희로애락에 공감하는 사람에게서 안정감과 친근감을 느끼며 긍정의 기술이 필요한데 무엇 때문이냐 하면 아래의 상황에서 살펴보자.

"피곤해 보여요?"라는 표현보다는 "요즘 바쁘신가 봐요? 확실히 능력 있는 분은 다르네요!"라고 표현하는 쪽이 더 긍정적이다. 이렇게 적절한 감탄사와 맞장구는 고객이 자신의 말을 경청하고 있다는 느낌이 들게 해 준다.

(3) 올바른 화법 사용하기

가. 고객서비스 기본 화법

① 명령형의 화법을 의뢰형이나 청유형 화법으로 사용한다.

② 명령형의 화법은 고객의 의지를 무시한 일반적 강요로 받아들일 수 있기 때문에 상대의 의지를 존중한 뒤에 부탁하는 의뢰형의 화법을 사용한다.

③ 명령형 : "고객님 시간이 없으니 빨리 이쪽 자리로 오세요."

④ 의뢰형 : "고객님 시간이 없는 관계는 이쪽 자리로 모시겠습니다, 부탁해요."

나. 부정형은 피하고 긍정형의 화법을 사용한다.

부정형의 화법은 고객으로 하여금 반감을 불러일으킬 수 있기 때문에 긍정형의 화법으로 바꿔 사용하도록 한다. 그러나 중요한 한 가지는 그것에 대하여 대안을 제시하여야 한다.

① 부정형 : "고객님 지금은 바쁜 관계로 음료 서비스가 안 됩니다."

② 긍정형 : "고객님 지금은 바쁜 관계로 음료 서비스가 조금 어렵습니다. 잠시 후 서비스가 가능한지 확인해 보겠습니다."

다. 거절할 때는 의뢰형의 문장을 사용한다.

거절할 때는 단호한 언어보다는 의뢰형의 화법을 사용한다.

예 "고객님 죄송합니다! 오전 타임 서비스 할인은 마감되어 가격할인을 해드리기가 어려울 것 같은데 양해해 주시겠습니까?"

라. 쿠션 멘트를 사용한다.

쿠션 멘트 사용은 대화를 유연하게 만들어준다.

🔲 "죄송하지만, 번거로우시겠지만, 죄송합니다만, 양해해 주신다면…."

마. 고객의 반응을 보면서 응대한다.

말하고 있는 내용에 대하여 고객께 잘 전달되고, 이해가 됐는지를 확인하면서 대화를
한다.

(4) 상황에 따른 고객 응대 기본 화법

① 고객을 만났을 때 : "안녕하십니까? 고객님!"

② 기다리게 할 때 : "죄송합니다만, 잠시만 기다려 주시겠습니까?"

③ 기다리고 난 후 : "오래 기다리게 해서 죄송합니다."

④ 물어볼 때 : "죄송합니다만, …입니까?"

⑤ 처리가 안 될 때 : "죄송합니다만, …이 어려울 것 같습니다."

⑥ 의견을 물어볼 때 : "…이 어떻겠습니까?"

⑦ 요구 사항을 확인할 때 : "고객님 …이 가능한지 알아보도록 하겠습니다."

⑧ 정보를 확인할 때 : "고객님 …가 맞으십니까?"

⑨ 돈이나 물건을 건네줄 때 : "고객님 …여기 있습니다. 감사합니다."

⑩ 고객을 배웅할 때 : "감사합니다. 안녕히 가십시오."

(5) 경어의 올바른 사용법

고객에게 올바른 경어를 사용하기 위해서는 존경어, 겸양어 및 정중어를 올바르게 사
용하여야 한다.

가. 존경어

손윗사람, 사회적 지위가 높은 사람을 지칭하거나 말할 때 쓰는 것으로 말씀하시다. "잡
수시다", "물으시다", "하시다", "가시다", "오시다" 등이 있다.

🔲 "고객님. 골프백을 보관하시겠습니까?"

"골프백에 적혀 있는 고객님의 성함과 연락처를 확인해 주시겠습니까?"

나. 겸양어

자기를 낮춤으로써 상대편을 높이는 말로써 "저희", "여쭈다" 등이 있다.

　예 "제가 안내해 드리겠습니다. 이쪽으로 오시겠습니까?"

　　　"음식 올려 드리겠습니다." "재떨이 바꿔 드리겠습니다."

다. 정중어

상하 관계를 떠나 정중한 응대가 필요한 경우 3인칭 화법으로 응대할 때 쓰는 말이다.

　예 "전화를 부탁드립니다." "화장실은 오른쪽 복도 끝에 있습니다."

(6) 쿠션 화법

① 단호함보다는 미안함을 먼저 표현하는 화법이다.

② 상대의 요청을 거절해야 하는 경우에 사용한다.

③ 상대에게 부탁해야 하는 경우에 사용한다.

　예 "미안합니다만"　　　　"죄송합니다만"

　　　"실례합니다만"　　　　"바쁘시겠지만"

　　　"번거로우시겠지만"　　"힘드시겠지만"

　　　"안타까우시겠지만"　　"공교롭게도"

　　　"유감입니다만"　　　　"수고스럽겠지만"

(7) 고객에게 감동을 주는 말

① 마음을 넓고 깊게 해주는 말　→ "죄송합니다."

② 겸손한 인격의 탑을 쌓는 말　→ "고맙습니다."

③ 날마다 새롭고 감미 있는 말　→ "정성을 다하겠습니다."

④ 화해와 평화를 이루는 말　→ "제가 잘못했습니다."

⑤ 모든 걸 덮어 하나가 하게 되는 말　→ "저희가"

⑥ 세상에서 가장 귀한 보배의 말　→ "고객님"

⑦ 사람을 존중해주는 말　→ "고객님 생각은 어떠십니까?"

전화를 받을 때나 걸 때에는 인사말과 소속, 자신의 이름을 반드시 밝힌다. 첫 인사는 "안녕하십니까?", 끝 인사는 "좋은 하루되시기 바랍니다."가 가장 보편적인 것이다.

1) 전화의 4가지 특성

전화는 고객접점의 최우선이자 서비스 기업의 얼굴임을 인식해야 한다.

(1) 전화의 특징

전화는 서비스의 중요한 수단으로 고객과의 가장 첫 접점이기도 하다. 전화를 받을 때나 걸 때 직원들의 태도와 마음가짐이 소리가 되어 고객에게 전달되기 때문에 전화를 통한 고객응대도 매우 중요하다고 할 수 있다.

가. 상대방이 보이지 않는다.

상대의 표정이나 감정을 소리로서 추적하기 때문에 특히 한 마디 한 마디를 명확히 발음하여 밝은 표정으로 말해야 한다.

나. 시간의 제한이 있다.

명확하고 구체적이고 간결하게 끝마쳐야 한다. 애매한 어귀는 쓰지 않도록 한다.

다. 상대는 보통 한 사람이다.

주위에 정신이 팔리지 않도록 한다. 상대방의 감정, 표정, 태도를 머리에 그려가며 통화해야 한다.

2) 전화응대 시 기억해야 할 3가지 키워드

(1) 친절

① 고객의 최우선 기대사항이다.

② 상냥한 목소리로 응대해야 한다.

③ 고객욕구를 충족시키기 위해 노력해야 한다.

(2) 신속

① 전화를 빨리 받는 것이 친절함의 척도이다.

② 전화벨이 3번 울리기 전에 받아야 한다.

(3) 정확

고객의 요구 사항 및 전화 내용을 정확히 확인해야 한다.

3) 전화 걸 때 지켜야 할 기본 매너

상대방의 상황을 생각하지 않고 일방적으로 이야기하는 것은 예의에 어긋난다. 예고 없이 걸려온 전화는 상황에 따라서 매우 당혹하게 된다. 가능한 한 전화를 걸 때는 긴급사항이 아닌 한 상대방의 상황을 묻고 나서 자신의 용건을 말해야 한다. 전화는 서비스의 중요한 수단으로 고객과의 가장 첫 접점이기도 하다. 전화를 받을 때나 걸 때 직원들의 태도와 마음가짐이 소리가 되어 고객에게 전달되기 때문에 전화를 통한 고객 응대도 매우 중요하다고 할 수 있다.

① 결론부터 이야기하고 통화는 짧게 마친다.

전화를 걸기 전에 먼저 용건을 메모해서 내용을 빠뜨리지 않도록 요령 있게 말하며 처음 용건을 말할 때는 "○○건으로 전화 드렸습니다." 라고 말하고 나서 결론부터 이야기한다.

② 상대방이 부재중일 때는 전화 약속 시간에 다시 건다.

상대방이 외출 중이라면 몇 시에 돌아오는지 묻고 "그렇다면 0시에 다시 전화 드리겠습니다." 라고 약속한 뒤 반드시 그 시간에 전화를 다시 한다. 한 번 더 걸었는데도 불구하고, 부재중일 경우에는 "죄송합니다만, 0시쯤에 전화를 받고 싶다고 전해 주십시오." 라고 말한 뒤 자신의 이름과 전화번호를 알려준다.

③ 메시지를 부탁할 때는 정중히, 정확히 한다.

상대방이 부재중일 때 다시 전화하기가 여의치 않을 경우는 "죄송합니다만, 메시지를 부탁해도 괜찮겠습니까?" 라고 의향을 묻고 나서 메시지 내용을 간결하게 전한다. 단, 용건이 복잡할 경우에는 "메모해주시면 감사하겠습니다만," 라고 정중한 어조로 부탁하고 메모가 끝나면 반드시 메시지 내용을 확인한다.

④ 전화를 건 쪽이 먼저 끊는다고 단정할 수는 없다.

전화는 건 사람이 "그럼, 알겠습니다." 라고 말하고 먼저 끊는 것이 원칙이지만 상대방이 윗사람일 경우에는 상대방이 먼저 끊는 것을 확인하고 나서 끊는 등 그때그때 상황에 따라서 대응한다(고객에게 전화를 걸었을 때는 고객이 끊는 것을 확인하고 끊는다).

4) 전화받을 때 기본 매너

① 전화벨이 3번 이상 울리지 않도록 한다.

전화는 가능한 한 전화벨이 3번 이상 울리지 않도록 한다. 만약 전화벨이 5회 이상 울렸을 경우에는 "기다리게 해서 죄송합니다." 라고 한 다음에 자신의 이름을 밝히고 상대방을 확인하도록 한다.

> 예 "최선을 다하겠습니다. ○○팀 홍길동입니다."
>
> "늦게 받아 죄송합니다." 또는 "오래 기다리게 해서 죄송합니다. ○○팀 홍길동입니다."

② 찾는 사람이 부재중일 때는 부재중인 이유와 어느 쪽에서 전화를 걸 것인지 확인하도록 한다.

> 예 "고객님. 죄송하지만 ○○○ 씨는 지금 회의 중입니다."
>
> "약 1시간 후쯤 끝낼 예정입니다."

③ 대신 용건을 받아도 되는지 묻는다.

> 예 "실례지만 무슨 일 때문에 그러십니까?"
>
> "아! 네, 그 일이라면 다른 담당자인 ○○○ 씨를 바꿔 드리겠습니다."

④ 용건을 부탁받았을 때는 반드시 확인하고 메모를 한다.

> 예 "메모 남겨 주시면 바로 연락드리도록 하겠습니다."

⑤ 30초 이상 전화를 기다리게 할 경우에는 전화를 일단 끊는다.

본인이 잠깐 자리를 비웠거나 전화를 받을 수 없는 상황일 때가 있는데 이러한 경우 기다리게 하는 시간이 길어도 30초를 넘지 않도록 하며, 만약 그 이상 길어질 경우에는 일단 끊고 이쪽에서 다시 걸겠다고 이야기한다.

> 예 "고객님 ○○○는 지금 통화 중이오니 잠시만 기다려 주시겠습니까?"
>
> "고객님 죄송하지만 ○○○ 씨가 통화가 좀 길어질 것 같습니다. 제가 메모를 해서 전화가 끝나는 대로 연락드리도록 하겠습니다."

⑥ 메시지를 받을 때는 반드시 메모한다.

본인이 부재중일 때는 "괜찮으시면 용건을 전해 드리겠습니다." 라고 묻는 것이 호감을 느끼게 하므로 전화기 옆에는 반드시 메모지와 펜을 준비해 두고 누구에게, 누구로부터,

일시, 장소, 용건 등을 간단히 적어서 전화받은 시간과 받은 사람의 이름을 적어서 놓도록 한다. 메시지를 메모했으면 정확을 기하기 위해서 반드시 중요한 고유명사 시간, 장소 등을 복창하며 확인하도록 한다.

5) 전화응대 화법

(1) 다른 사람에게 전화를 드릴 경우

"○○○ 씨에게 전화를 돌려드리겠습니다. 잠시만 기다려 주시겠습니까? "라고 말하고, 보류로 하거나 전화기를 손으로 가려 상대방에게 소리가 들리지 않도록 한다. 그리고 담당자에게 "○○○ 씨로부터 전화입니다." 라고 누구로부터의 전화인지를 확실하게 전달한다. 혹시 상대방이 이름을 밝히지 않을 때에는 "실례합니다만, 성함이 어떻게 되십니까?" 라고 정중히 물어본다.

본인이 전화를 받기가 매우 어려운 경우에는 보류로 한 채로는 상대방이 마냥 기다리게 되므로 도중에 보류를 해제하고 "죄송합니다만, 조금 더 기다려 주시겠습니까?"라고 상대방에게 양해를 구하도록 한다.

(2) 전화가 도중에 끊어졌을 때

이야기 도중에 전화가 끊어졌을 때는 전화를 걸었던 쪽에서 다시 거는 것이 원칙이다. 하지만 분명히 받는 쪽에서의 잘못일 경우에는 받는 쪽에서 다시 걸어서 "저희 쪽의 문제로 전화가 끊어졌습니다. 죄송합니다."하고 양해를 구하도록 한다.

(3) 상대방의 전화 소리가 잘 들리지 않을 때

잘 들리지 않을 때는 "좀 멀게 들립니다."라고 완곡히 표현한다. 그러나 "들리지 않는데요!"라든가 "크게 말씀해 주십시오!" 등의 직접적인 표현은 상대방의 이야기를 원망하는 듯이 들릴 수도 있으므로 주의해야 한다.

(4) 본인이 다른 전화를 받고 있을 때

먼저 걸려온 전화를 우선 받는 것이 예의이기 때문에 "지금 ○○○ 씨는 통화 중입니다. 잠시만 기다려 주시겠습니까?" 라고 양해를 구한다. 전화가 금방 끝나지 않을 것 같을 때는 "통화가 길어질 것 같은데, 이쪽에서 전화를 드리라고 할까요?"하고 상대방의 의향을 묻는다.

(5) 접객 중에 전화가 걸려 왔을 때

고객님께 "실례합니다!"라고 양해를 구한 뒤 전화를 받는다. 긴급한 용건이 아닌 경우에는 "죄송합니다만, 지금 고객님이 와 계셔서 통화가 어려울 것 같은데 잠시 후에 제가 전화를 드려도 괜찮으시겠습니까?"라고 양해를 구하고 전화를 끊도록 한다.

(6) 잘못 걸려온 전화를 받았을 경우

잘못 걸려온 전화를 받았을 경우에는 번호를 잘못 누른 것만이 아니라 전화번호 그 자체를 잘못 알고 있는 경우가 많다. 그러므로 "잘못 걸었어요." 라고 불쾌한 듯이 끊지 말고 "몇 번으로 거셨습니까?" 라고 물어본 뒤에 "전화를 잘못 거신 것 같군요."라고 말하고, 상대방의 잘못을 지적해 주는 것이 좋다.

(7) 항의 전화를 받을 때

① 먼저 사과를 한다(심려를 끼쳐드려 대단히 죄송합니다).

② 고객의 감정을 상하지 않도록 불만 내용을 끝까지 참고 듣는다.

③ 진실을 확인하고 변명하지 않으며 불만사항에 대하여 정중히 사과한다(대단히 죄송합니다. 저희의 사무 착오였습니다).

④ 불만의 원인을 조사한다. 그 즉시 알 수 없을 때에는 스스로 적당하게 판단하지 말고 상사나 동료와 상의한다.

⑤ 최선의 해결책을 제안한다.

⑥ 설득이 안 될 때는 상황을 바꿔서 처리한다.

일이 꼬였을 때 사람과 장소와 시간을 바꾸라는 말이 있듯이 같은 사람이 끝까지 처리하기보다는 다른 사람이 나서서 해결하는 것이 좋을 때가 있다. 새로 나서는 사람이 직위가 높을수록 효과가 있다. 책임감을 가지고 전화를 받는 사람의 이름을 밝혀 고객을 안심시킨다. 한 번 더 사과하는 말과 함께 소속과 이름을 밝힌다. "죄송합니다. 저는 고객지원과 ○○○입니다."

02 고객만족 서비스

1. 고객만족 서비스의 개념을 파악하고 고객의 입장에서 배려하는 서비스를 제공할 수 있다.
2. 고객만족 서비스에 필요한 배려, 경청, 칭찬의 서비스 제공에 적용할 수 있다.
3. 고객만족 서비스의 구성요소를 통한 고객감동 서비스 프로세스를 수립, 제공할 수 있다.

1. 고객만족 서비스

고객만족은 "제품서비스에 대한 처리 과정, 불일치 형성과정, 또는 단순한 감정 상태인 행복감과는 다른 것으로, 만족이란 소비자의 충족 상태에 대한 반응으로서 제품과 서비스의 특성(feature) 또는 소비에 대한 충족상태를 유쾌한 수준에서 제공하거나 제공하였는가에 대한 판단이라고 정의한다(Oliver, 1997). 즉, 고객이 서비스 받기 전의 기대치보다 서비스받고 난 후의 성과를 비교하여 고객들이 제품서비스 또는 적절한 충족 상태에 대해 판단하는 것이라고 할 수 있다. 만족도가 높을 때 고객들이 인식하게 된다고 할 것이다.

1) 뷰티서비스 업계의 당면과제

(1) 고객만족 서비스의 방법

① 고객만족은 고객의 성취반응과 밀접하다.

② 고객만족은 주관적 감정과 관련된다.

③ 고객만족이 품질에 의해서만 좌우된다고 볼 수 없다.

(2) 고객만족과 불만족의 차이

① 사전 기대 서비스 < 받은 서비스(현실) → 고객만족

② 사전 기대 서비스 > 받은 서비스(현실) → 고객 불만족

(3) 고객만족은 고객에 대한 관심

　　① 좋은 인상을 심어줄 기회는 단 한 번이다

　　② 고객에게 관심을 표시하라!

(4) 신속한 서비스

예의 바른 태도와 상냥한 미소는 고객의 즐거움을 한 단계 상승하므로 고객만족에 성
공하였다는 것을 의미한다.

"고객을 이해하고 사랑하는 마음을 가져라!"

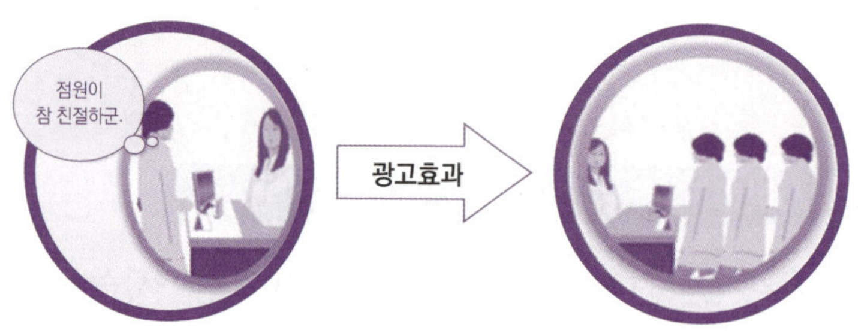

2) 고객서비스의 입장 차이

한 마을에 소와 사자가 살았습니다. 둘은 너무나도 사랑한 나머지 주변의 반대에도 불구하고
결혼을 했습니다. 둘은 최선을 다하기로 약속을 하였고, 소는 최선을 다해서 맛있는 풀을 날마
다 사자에게 대접했습니다. 사자는 풀이 싫었지만 참았습니다. 사자도 최선을 다해서 맛있는 살
코기를 소에게 대접하였고, 소도 괴로웠지만 참았습니다. 시간이 지나 서로의 인내심의 한계에
다다르게 되었고 소와 사자가 서로 다투기 시작하였고 끝내는 헤어지며 서로에게 한말은 "나는
최선을 다했어!"라고 말했습니다.

소와 사자 이 둘은 무엇이 문제였을까? 너무나 사랑해 결혼한 둘은 왜 헤어지게 되었을까? 소
는 소의 눈으로만 사자는 사자의 눈으로만 세상을 보았기 때문은 아닐까 생각한다. 나만을 위주
로 생각하는 최선, 상대를 생각하지 못하는 최선, 그것은 상대에 대한 배려가 아니라 나만의 이
기심에서 오는 최선은 최선일수록 최악을 결과를 얻지 않을까 생각한다.

<h1 style="text-align:center">"소와 사자의 이야기!"</h1>

"나만의 최선"
나와 고객의 입장의 차이를 생각하여야만 최상의 서비스가 가능하다.

3) 서비스란 무엇인가

　서비스를 한마디로 결론을 내리기는 어려운 부분이므로 몇 가지 사례를 가지고 이야기하려고 한다. 일반적으로 서비스란 고객에게 상냥하게 웃고 최선을 다하는 것을 의미하지만은 않는다. 단순히 친절하기만 한다면 경쟁력이 없을 뿐 아니라 고객만족, 아니 고객감동을 느끼게 만들 수 없을 것이다. 현대는 고객감동을 지나 고객졸도, 고객은 왕 등의 다양한 표현을 사용한다. 그것은 무엇을 의미하는 것일까? 그것은 아마도 고객의 중요성을 표현한 것은 아닐까 생각한다. 즉, 고객의 눈과 귀 입과 감정(오감)을 만족하게 하려는 노력과 정성을 다할 때 진정한 고객감동 서비스라 할 것이다

　서비스란, 고객을 만나기 전부터 시작되며, 고객의 보이지 않는 마음마저 읽어내야 하는 고도의 감성 테크닉이 필요로 한다. 최상의 서비스는 언제나 고객의 입장에서 생각하고 행동하며 느끼는 것이 중요하다. 얼마 전 한 식당에서 식사하는데 음식에서 머리카락이 나와 식당의 주인에게 이야기했다. 그 식당의 주인은 퉁명한 말투로 "다시 가져다줄게요!"라고 말은 내뱉고 가버리는 것이다. 미안한 기색도 표현도 없이 '오려면 오고 말려면 마라' 라는 태도가 얼마나 어처구니가 없던지, 여기서 중요한 것은 문제를 제기한 고객에게 보이는 주인(직원)의 태도(표정, 자세, 말)가 더 문제가 된다는 점이다. 과연 이 식당의 고객서비스는 어떤 것일까? 그리고 이 식당에 오는 고객은 어떠한 서비스를 받고 있는 것일까? 라는 생각을 해보게 되었다. 만약 그러한 상황에서 "손

님, 죄송합니다. 다시 바꿔 드리겠습니다."라고 한마디만 했다면 혹은 "정말 죄송합니다. 괜찮으시면 다른 걸로 바꿔드릴게요. 정말 죄송합니다."라고 했다면 아마도 청결함은 조금 덜하여도 친절함에 다시 방문하였을 것이다.

서비스는 고객중심의 배려다. 고객을 생각하고 배려하는 마음과 자세가 없다는 것은 진정한 서비스가 아닐 것이다. 왜 미용이라는 직업에서 서비스의 개념과 의식이 필요한가? 그것은 미용업은 기술을 기반으로 서비스를 제공하는 종합서비스이기 때문이다. 서비스를 제공하는 한 서비스 의식은 미용에서 더욱 절실히 필요로 한다. 더하여 아름다움과 관련된 미용서비스는 곡객의 아름다움을 만들어주는 것뿐 아니라 자신의 마음과 몸을 또한 아름답게 가꾸어야 고객에게도 최상의 서비스를 제공할 수 있다.

4) 서비스 성공사례

안동병원은 친절 서비스로 정평이 나 있는 병원으로 1995년 KBS 일요 스페셜 "안동병원의 생존전략"이라는 주제로 소개되었다. 친절로 소문난 안동병원이 일본의 MK 택시로부터 맨 먼저 배워간 것은 인사하는 것이었다고 한다. MK 유태식 부회장은 "인사하는 것이 간단하고 쉬운 것으로 보이지만 사실 그렇지가 않습니다. 우리는 전 사원을 인사하게 하려고 수없이 많은 교육해 왔지만, 솔직히 지금도 100%는 안 됩니다."

"사실은 모든 친절의 기본이 인사하는 것입니다. 인사가 되어야 다른 것도 되고 인사가 안 되면 아무것도 안 됩니다. 처음에 우리 MK 택시에서 인사운동을 실행할 때 엄청난 반발이 있었습니다. 이를 무릅쓰고 우리는 밀고 나갔고 안동병원도 마찬가지이었습니다. 그랬더니 사람들이 몰려들기 시작했다는 것입니다." 병원에 환자가 많다는 것이 마냥 좋아할 일만은 아니지만 어쨌든 환자들이 다른 병원으로 가지 않고 안동병원으로 몰려들었다는 것은 무엇일까? 그렇다고 의료진이 바뀐 것도 아니고 의료 장비가 새로운 것으로 바뀐 것도 아니고 고객을 안동병원으로 끌어들인 것은 다른 것이 아닌 친절한 병원이라는 작은 변화 바로 인사였다고 관계자는 말한다.

"인사를 하고 친절을 베푼 것 그뿐이고, 그렇게 사소한 일이 큰 변화를 일으킨 겁니다."

고객 감동은 아주 작은 사소한 것에서 시작된다는 것을 우리는 알아야 할 것이다. 잠시 생각을 하여 보자 우리가 고객으로서 감동하였던 때 그리고 상황은 어떠했는지 우리가 잊고 스쳐 지나간 것 바로 그것이 우리의 고객이 원하는 진정한 감동 서비스라고 생각한다.

미용의 테크닉만이 기술이라고 생각을 한다. 그러나 서비스도 기술이라는 것을 우리는 명심해야 할 것이다. 처음은 어색하고 때로는 자존심이 상한다고 생각하지만 모든 일이 바로 고객서비스 접객에서 시작되기 때문이다.

스타벅스 감성 마케팅 교육에서는 '서비스도 기술이다. 부지런히 배우고, 보고, 연습하며 조금씩 쌓아가며 자연스럽게 프로의 틀을 갖추게 된다'고 말한다. 일류 서비스를 자랑하는 항공사나 호텔에서도 최소 3개월에서 12개월 동안 직무교육(On the Job Training)을 통하여 기술을 연마하고 실력을 향상하게 된다. 오로지 커피만을 잘 만드는 것이 아니라 고객에게 최상의 서비스를 제공하기 위한 노력이 아닐까 생각한다.

5) 경청

(1) 경청의 의미

경청이란, 상대의 말을 듣기만 하는 것으로 생각하지만, 상대방이 전달하고자 하는 말의 의미는 물론이며, 그 이면에 깔린 동기 등을 이해하고 이해된 바를 상대방에게 피드백하여 주는 것을 말한다. 이러한 효과적인 커뮤니케이션은 중요한 기법이다.

(2) 경청을 실천하기 위한 행동의 다섯 가지 원칙

① 공감을 준비하자.

② 상대를 인정하자.

③ 말하기를 절제하자.

④ 겸손하게 이해하자.

⑤ 온몸으로 응답하자.

"하나는 듣고 있으면 내가 이득을 얻고, 말하고 있으면 남이 이득을 얻는다."라는 아라비아 속담이다. 다른 또 하나는 '말하는 것은 지식의 영역이고, 듣는 것은 지혜의 영역이다.'라는 경구이다. 지도력은 웅변보다 경청에서 나온다. '마음을 얻는 지혜 경청 중에서'

저자는 경청의 중요함을 말하고 있다.

고객과의 대화에서 있어서 우리는 고객의 소리를 듣기보다는 많은 말을 하려고 한다. 그 이유는 스스로 전문가라고 생각하고 고객의 말을 이해하기보다는 고객을 설득하려고만 하다보니 고객의 원하는 것을 파악하기 어렵게 되고, 그 결과 문제를 야기하는 경우가 흔다.

(3) 고객의 말을 들을 때 매너

① 바르고 공손한 자세로 듣는다.

② 귀로만 듣는 것이 아니라 표정과 눈빛으로 듣는다.

③ 상대가 대화에 집중한 것을 알게 확실한 반응을 보인다.

④ 자신의 의견을 말할 때는 상대방에게 정중히 양해를 구한다.

⑤ 대화의 중간에 끼어들어 말하는 것보다는 의문이 있으면 말이 끝난 뒤에 묻는다.

⑥ 대화 중 다른 데로 시선을 하거나 시간을 보거나 손이나 발로 장난을 치지 않는다.

위의 내용처럼 말하는 것보다 듣고 보는 것이 매우 중요하다는 이야기를 한다. 우리의 선조들께서 하시는 말 중에 눈과 귀는 두 개요. 입이 하나인 이유는 많은 것을 보고 들어도 그것을 말을 할 때는 신중하게 표현하라는 지혜를 느낄 수가 있다.

(4) 경청의 5L

가. Look at customer's face (얼굴을 쳐다보라.)

얼굴을 보지 않고 말할 경우 상대에게 무시한다는 느낌을 줄 수 있고 제대로 내용 전달에 어려움이 있다.

나. Lean for word (상체를 5도 정도 기울여라.)

적극적으로 듣고 있다는 제스처를 보이면, 고객으로부터 많은 이야기를 끌어낼 수 있다.

다. Lift head (고객을 끄덕여라.)

상대방의 말을 듣고 있다는 표시이며, 상대의 불안감을 줄일 수 있다.

라. Lift eye brows (눈썹을 움직여라.)

가장 적극적으로 듣고 있다는 반응을 보이는 방법이며, 눈썹은 다양한 감정을 표현할 수 있게 하므로 눈썹을 움직임으로써 상대에게 내가 하고자 하는 말을 더욱 정확히 전달할 수 있다.

마. Listen more and get to know more (마음속 깊은 내용까지 들어라.)

말의 내용과 의도(사실)가 일치하지 않는 경우, 상대의 마음까지도 들어야만 한다. 상대의 입장에서 생각하는 것이 중요하다.

(5) 경청의 효과

"경청의 태도를 생활화해야 한다."

가. 긍정적 이미지(인간관계) **형성**

① 상대방의 진심을 파악할 수 있다.

② 대화를 통해 상대의 정보 파악할 수 있다.

③ 듣고자 하던 것 이외의 정보도 획득할 수 있다.

④ 경청을 통해 더 나은 인간관계를 형성할 수 있다.

⑤ 경청하면 상대방이 마음의 문을 쉽게 열어준다.

⑥ 대화는 인간관계를 진정한 만남으로 이어주는 다리와 같다.

⑦ 대화는 나를 상대에게 알림과 동시에 상대를 알고 이해할 기회이다.

6) 칭찬과 격려

상대에게 호감을 심어주기 위한 전략으로 마음을 여는 데 가장 효과적인 방법이다. 사람은 자신을 칭찬하는 사람을 칭찬하고 싶어 하므로 고객을 칭찬하는 것은 곧 나를 칭찬하는 것이다. 누구라도 한두 가지의 장점은 있기 마련이다. 그것을 빨리 파악하여 진심이 담긴 칭찬을 한다면 고객에게 좋은 대화 상대가 될 것이다.

① 칭찬할 때 : 사실에 근거, 구체적으로 칭찬함

② 칭찬을 받을 때 : 겸손한 태도로 감사의 마음을 표현함

예 오늘 넥타이가 참 멋있습니다. (×) → 그 넥타이를 매니까 훨씬 젊어 보이세요. (○)

(1) 매슬로우의 동기이론(Maslow's motivation theory)

인본주의 심리학의 근거로 매슬로우가 주장한 욕구 단계설 A. H. 매슬로우가 인간에 대한 염세적이고 부정적이며 한정된 개념을 부정한 인본주의 심리학을 근거로 주장한 이론이다. 매슬로우의 동기이론에 따르면 인간행동은 각자의 필요와 욕구에 바탕을 둔 동

기에 의해 유발되며, 이러한 인간의 동기에는 위계가 있어서 각 욕구는 하위 단계의 욕구들이 어느 정도 충족되었을 때 비로소 지배적인 욕구로 등장하게 되며 점차 상위욕구로 나아간다고 보았다. 매슬로우는 인간의 욕구를 생리적 욕구, 안전 욕구, 사회적 욕구, 존경, 자아실현 욕구 등 5단계로 구분하였으며 가장 고차원적인 상위 욕구를 자아실현 욕구로 보았다.

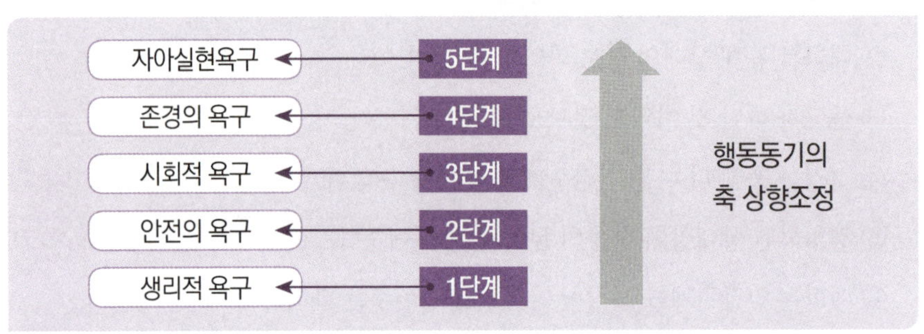

① **1단계** : 생리적 욕구(Physiological needs)로 의식주 생활에 관한 욕구, 즉 본능적인 욕구를 말한다.

② **2단계** : 안전의 욕구(Safety needs)로 사람들이 신체적 그리고 정서적으로 안전을 추구하는 것을 말한다.

③ **3단계** : 사회적 욕구(Belongingness and love needs)로 어떤 단체에 소속되어 소속감을 느끼고 주위 사람들에게 사랑받고 있음을 느끼고자 하는 욕구이다.

④ **4단계** : 존경의 욕구(Esteem Needs)로 타인에게 인정받고자 하는 욕구이다.

⑤ **5단계** : 자아실현의 욕구(Self-actualization needs)는 가장 높은 단계의 욕구로서 자기만족을 느끼는 단계이다.

(2) 칭찬의 7가지 방법

① 막연하게 하지 말고 구체적으로 칭찬하라. 구체적으로 확실한 근거로 칭찬하면 서로에 대해 믿음이 한층 더해진다.

② 본인도 모르는 장점을 찾아 칭찬하라. 그런 칭찬을 받으면 감탄과 함께 기쁨이 배가 된다.

③ 공개적으로 하거나 제삼자에게 전달하라. 남들 앞에서 듣든 칭찬이나 제삼자에게 전해 들은 칭찬은 자부심을 더해주며 감동이 더 오래간다.

④ 진심을 담아 칭찬하라. 진실 된 마음으로 전하는 칭찬은 상대의 마음에 행복을 가져다 준다.

⑤ 결과뿐 아니라 과정을 칭찬하라. 성과에만 초점을 맞추지 말고 노력하는 과정에 초점을 맞춰 칭찬하면 상대는 더욱 분발하게 된다.

⑥ 예상외의 상황에서 칭찬하라. 질책을 예상했던 상황에서 문제를 지적한 다음 칭찬으로 마무리를 지으면 긍정적인 효과가 크다.

⑦ 다양한 방식을 찾아보라. 말로만이 아닌 때론 편지나 문자 메시지 등 여러 방식으로 칭찬하면 새로운 감동이 더해진다.

"끌리는 사람은 1%가 다르다." 중에서

칭찬은 고래도 춤추게 한다

고객을 설득하고 싶다면...

칭찬부터 시작하자!

칭찬은 되로 주고 말로 받는 것!

7) 고객감동 서비스

(1) 서비스의 종류 5가지

① **덤, 공짜** : 고객이 가지고 싶어 하는 것을 제공하라.

② **친절** : 그곳에 다시 한 번 가고 싶다는 생각이 들게 하라.

③ **사후처리** : 고객들이 인상을 받는 마지막 순간까지 잘 관리하라.

④ **봉사** : 희생정신이 아닌 봉사정신으로 서비스를 제공하라.

⑤ **안전** : 고객의 안전을 고려하라.

(2) 서비스 외 5가지

① **옷차림** : 유니폼이 있다면 꼭 입을 것, 앞치마 청결 확인한다.

② **태도** : 세일즈맨의 기질 발휘한다.

③ **외모** : 헤어스타일, 화장, 손 잘 관리한다.

④ **표정** : 프로의 정신으로 항상 좋은 표정을 유지한다.

⑤ **말투** : 고객들을 위하는 마음이 나타날 수 있게 표현한다.

(3) 공감 커뮤니케이션의 중요성

① 피드백 과정 : 고개 끄덕임 호응과 질문을 한다.

② 의사소통이란, 사람들끼리 생각이나 느낌 따위를 주고받는 일을 의미한다.

가. 커뮤니케이션의 기본

① 고개 끄덕여주는 것

② 질문이라도 한 번 정도 하는 것

③ 고객 감정에 서로 반응해 주는 것

④ 고객에게 공감해주면서 이야기를 들어주는 것

고객들은 비언어적이나 언어적으로 표현할 것입니다. 이에 대해 친근한 말투로 그들의 감정에 호응을 해주는 것이 중요하다.

1-3. 실습 과제

1. 고객만족 서비스 제공을 위한 상황별 접객 멘트(고객의 입점에서 퇴점까지 흐름에 맞게 상황별 접객 서비스를 만드시오).

① 고객입점

② 접수

③ 고객대기

④ 고객상담

⑤ 탈의실

⑥ 시술대

⑦ 샴푸실

⑧ 계산대

⑨ 배웅

⑩ 음료 서비스

1. 서비스는 판매를 위해 제공되거나 상품의 판매와 관련하여 준비되는 제반 활동, 무형의 형태를 가지며, 유형의 재화와 구분되는 것으로 정의할 수 있다.

    ① 미용서비스는 이런 서비스의 일종으로 미용기술을 기반으로, 높은 서비스 품질을 통해 고객에게 미적 가치를 제공하는 모든 서비스를 말한다.

    ② 시장에서 판매되는 무형의 제품으로 가장 명확한 서비스의 정의다.

2. TPO 인사법은 시간, 장소, 상황에 따라 적절한 인사방법을 의미하며, 상대방을 배려하는 것이 원칙이므로 상대방의 상황을 먼저 생각해야 한다.

3. 고객응대 시 표정은 항상 밝고 명랑하게 유지해야 하며, 발음은 항상 정확하게 하고, 목소리는 밝게 한다. 시선은 상대방의 미간을 향하고 말의 속도는 너무 빠르거나 늦어서도 안 된다. 알아듣기 쉬운 용어를 사용하고 말끝을 흐리지 않고 명료하게 전달해야 한다.

4. 고객만족이란, 소비자의 충족 상태에 대한 반응으로서 제품과 서비스의 특성 또는 소비에 대한 충족상태를 유쾌한 수준에서 제공하거나 제공하였는가에 대한 판단이라고 정의한다.

5. 경청이란, 상대의 말을 듣기만 하는 것으로 생각하지만, 상대방이 전달하고자 하는 말의 의미는 물론이며, 그 이면에 깔린 동기 등을 이해하고 이해된 바를 상대방에게 피드백하여 주는 것을 말한다.

6. 경청의 5L

    ① Look at customer's face(얼굴을 쳐다보라.)

    ② Lean for word(상체를 5도 정도 기울여라.)

    ③ Lift head(고객을 끄덕여라.)

    ④ Lift eye brows(눈썹을 움직여라.)

    ⑤ Listen more and get to know more(마음속 깊은 내용까지 들어라.)

7. 매슬로우의 행동 5단계 이론

    1단계 : 생리적 욕구(Physiological needs)

    2단계 : 안전의 욕구(Safety needs)로

    3단계 : 사회적 욕구(Belongingness and love needs)

    4단계 : 존경의 욕구(Esteem Needs)

    5단계 : 자아실현의 욕구(Self-actualization needs)

MEMO
뷰티서비스

뷰티서비스
고객관리와
경영관리
Customer and Business Management of Beauty Service

4장

고객 컴플레인의 중요성과 대처방법

학습 개요

고객 불만은 기업이 고객서비스 개선에 관하여 알려주는 매우 중요한 요소이다. 고객의 불만은 매우 다양하며, 이러한 불만에 대해 신속하게 대응하여 처리할 수 있어야 한다. 만약 불만을 느낀 고객에게 고객이 만족할 만한 수준으로 즉시 바로잡지 못하거나 적절한 대응조치를 하지 않는다면 재방문을 기대하기란 어려울 것이다. 그러므로 불만 고객관계 관리와 중요성, 불만고객 유형과 대처방법, 고객설문 조사를 통한 고객 불만족 관리에 관하여 학습한다.

주요 용어

클레임(Claim), 컴플레인(Complaint), John Goodman의 법칙, 토로의 효과, 구전의 효과, 교육의 효과, 서베이(Survey), 대인 인터뷰법, 전화 인터뷰법, 우편 조사법, 전자 인터뷰법

01 불만고객의 중요성

1. 불만고객의 중요성을 이해하고 고객의 불만 처리에 적극적으로 대처하는 자세를 가질 수 있다.

1. 고객 컴플레인의 정의

고객이 불만을 표현하는 것은 그 원인에 따라 크게 클레임(Claim)과 컴플레인(Complaint)으로 구분할 수 있다.

클레임은 어느 고객이든 제기할 수 있는 객관적인 문제점에 대한 지적이라 할 수 있다. 고객에게 제공된 음식에 머리카락, 수세미 등 기타 이물질이 들어있는 경우, 필요한 식기류 제공이 안 되었을 경우, 주문한 지 꽤 오랜 시간이 지났는데도 메뉴가 안 나왔을 경우 등 매장에 들어서면서부터 식사를 하고 나가서까지 고객이 업소를 이용할 때와 식사를 하는 데 있어서 불만사항에 대한 수정사항 및 배상요구의 의미가 더해진다는 것을 뜻한다.

컴플레인은 고객의 주관적인 평가로, 불만족스러운 메뉴 및 서비스에 대한 불평을 전달하는 것을 의미한다. 즉, 고객의 감정이 개입된 것으로 직원의 태도가 불친절하다고 지적하는 것이 그 예다. 같은 문제 상황에 부닥쳐 있다 하더라도 클레임으로 발생하느냐 컴플레인으로 이어지느냐는 고객 성향에 따라, 예기치 못한 상황에 따라 발생한다. 그래서 문제가 발생하면 적재적소에 따라 빨리 해결함과 동시에 직원이 진심으로 사과하는 마음을 전달해야 한다(자료 출처 : 월간 식당).

1) 고객 컴플레인의 중요성

고객의 컴플레인을 이해함으로 고객에 대한 정확한 사실을 얻을 수 있다.

첫째, 컴플레인은 고객이 무엇을 원하는지 가르쳐 준다. 아무리 고객서비스를 잘하고 있어도 내가 알지 못하는 부족한 부분이 있기 마련이다. 따라서 소비자의 컴플레인을 오히려 장려하여 불평에 귀 기울이는 노력이 필요하다.

둘째, 컴플레인을 하지 않는다고 우리의 서비스와 고객에 대한 욕구충족이 다 이루어졌다고 생각할 수 없다. 일반적으로 불만족한 고객의 94% 이상은 말없이 떠난다. 즉, 컴플레인에 대한 관리의 원칙을 컴플레인을 하지 않는 사람도 배제할 수 없다는 것이다. 이렇게 말 없는 고객으로 하여금 말을 시켜 그 마음의 진실을 이해하도록 노력해야 할 것이다. 이렇게 컴플레인은 적극적으로 개발하고 처리하는 기업만이 얻을 수 있는 커다란 보상이라 생각된다.

매우 다양한 컴플레인이 존재하며, 직원은 고객 컴플레인에 대해 신속하게 대응하여 처리할 수 있어야 한다. 만약 컴플레인을 느낀 고객에게 고객이 만족할 만한 수준으로 즉시 바로잡지 못하거나 적절한 대응조치를 하지 않는다면 이들에게 재방문을 기대하기란 힘들 것이다.

2) 고객 만족과 불만족

(1) 만족한 고객의 반응

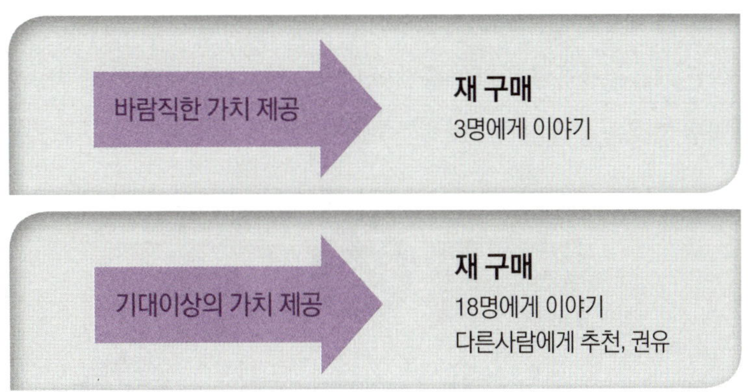

[출처 : 미국 TRAP 조사]

(2) 불만고객의 반응

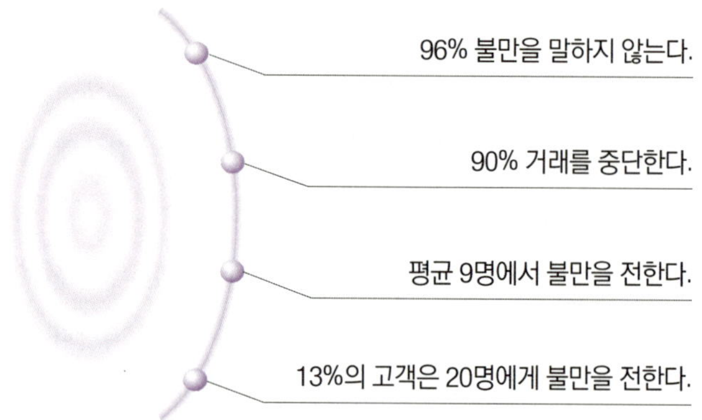

[출처 : 미국 TRAP 조사]

(3) 부정적 구전의 2가지 편향성

① 좋은 것보다 나쁜 것을 더 전달하려는 심리가 있다(평균 3배).

② 듣는 사람으로서 좋은 구전보다 나쁜 구전에 더욱 귀를 기울인다.

(4) 고객 컴플레인 관리의 중요성

① 총 매출의 65% 이상은 반복 구매고객(단골)에 의해 만들어진다.

② 새로운 고객 확보를 위한 비용보다 기존고객 유지비용이 적게 든다.

③ 컴플레인이 해결되지 않는 한 고객들은 다시 오지 않는다.

④ 컴플레인이 해결된 경우 고객의 65%는 다시 돌아온다.

차별화된 고객 컴플레인 관리를 통해 소비자들의 부정적인 인식을 긍정적으로 전환함으로써 불만 고객을 충성 고객으로 전환하여야 한다.

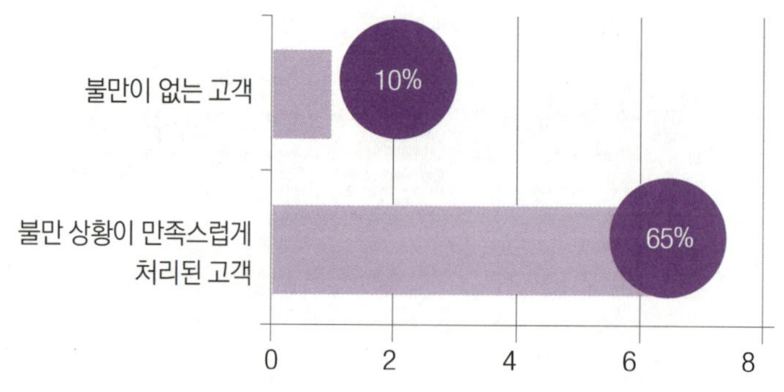

[출처 : 미국 TRAP 조사]

4) John Goodman의 법칙

모든 고객에게 100% 완벽히 만족을 주는 제품과 서비스란 없고, 고객의 불만은 필연적으로 발생하기 마련이다. 기업이 고객의 불만을 어떻게 관리하느냐에 따라 고객을 붙잡아 충성고객으로 만들 수도 있고, 또 다른 불만 고객을 양산할 수도 있다. 존 굿맨(John Goodman)이라는 사람이 발견한 법칙 중에 이런 것이 있다. 실제 **TARP**의 연구 결과에 따르면 100달러 이상의 제품에 대해 불만이 있으면서 불만을 제기하지 않았던 고객이 같은 회사의 상품을 다시 구매할 확률은 불과 9%이다. 이에 비해 고충을 제기한 고객 가운데 문제가 해결될 경우 재구매율은 82%를 웃돈다는 결과를 보이고 있다(John Goodman의 법칙 TRAP 리서치).

(1) 제 1법칙 : 토로의 효과

자신의 불만을 해결하여 만족하게 된 고객은 불만을 느끼고 있지만 토로하지 않는 고객에 비해 동일 브랜드를 재구매할 가능성이 매우 높다. 불만을 말하지 않는 고객의 90%는 다시 오지 않는다.

가. 불만족한 고객(40%)

① 불만을 말하는 고객(40%)

② 불만을 말하지 않는 고객(60%) → 재구매율(9%)

나. 불만고객 중 점포의 대응이 빨라 만족한 고객(82%)

다. 불만고객 중 점포의 대응에 불만이 있지만, 납득한 고객(46%)

라. 만족한 고객(60%)

(2) 제 2법칙 : 구전의 효과

불만처리에 불만을 가진 고객의 비호의적인 구전의 영향은 만족한 고객의 호의적인 구전의 영향에 비해 2배나 강하고, 부정적 구전은 9 ~ 10명 전파 판매를 감소시키며, 호의적 구전은 5명에게 전파한다는 것이다.

(3) 제 3법칙 : 교육의 효과

소비자 교육은 신뢰도를 높여 호의적 구전을 기대한다.

02 불만고객 유형과 대처방법

 1. 불만고객의 유형과 대처방법을 숙지하고 고객의 불만접수에 대처할 수 있다.

1. 불만고객의 유형

불만고객의 관리는 물론 쉽지는 않다. 현장에서 이러한 고객의 불만을 접수하여 처리하다 보면 정말이지 억지 아닌 억지의 컴플레인을 듣게 되거나 너무나 과하게 요구되는 경우가 많다. 하지만 대부분의 컴플레인은 접객을 하는 직원이 고객에 대한 무관심이나 소홀함에서 비롯된다는 것을 알 수 있다. 그리고 이러한 불만을 표현하는 고객은 몇 가지로 나누어 볼 수 있다.

1) 고객 컴플레인을 표현유형

(1) 직접 컴플레인 고객유형

직접적인 컴플레인을 통해 기업으로 하여금 서비스 개선의 기회를 주는 유형

(2) 수동적, 관망자적 고객유형

기업에겐 어떤 컴플레인도 하지 않고 기업의 상품과 서비스를 이용하지 않는 유형으로 불만을 속으로 쌓아두는 유형

(3) 주변인에게 전달하는 고객유형

기업에겐 컴플레인을 하지 않지만, 주변인들에게 말로써 기업의 나쁜 이미지를 전파하여 주변인의 구매를 막는 유형

(4) 행동파 고객유형

　　기업에 컴플레인을 하여 만족한 결과를 얻지 못하면 법적 행동이나 대중매체를 통해 소
비자들에게 공식적으로 알려 기업에게 복수하는 유형으로 불만족한 경우는 불평을 외부
에 표출하게 되는데, 이렇게 불평하는 고객의 유형은 크게 3가지로 구분된다.

　　첫째. 해당 업체에 직접 항의를 한다. 즉, 업소에 직접 배상을 요구한다.

　　둘째. 친지나 가족, 개인적으로 관계가 있는 소비자에게 자신의 불만 사항을 이야기한
다. 즉 자신과 관련돼있는 소비자에게 경고하거나 구매중지나 구매 거부 등 사적인 행동
을 취하게 한다.

　　셋째. 전혀 자신과 관계없는 제삼자에게 불만을 토로하는 것이다.

　　공식기관(소비자원, 정부기관 등)이나 조직(민간단체 등)에 불평을 토로함으로써 자신의 불만
을 해소하거나 배상을 요구하는 것이다.

2) 불만족한 고객의 표현

① 애원하며 호소한다.

② 즉각 화를 내기도 한다.

③ 자신의 말을 들어주길 원한다.

④ 대단히 공격적인 상태가 많다.

⑤ 금전적 손해를 보상받기를 원한다.

⑥ 보상거절에 대한 불안 심리도 있다.

⑦ 상담원이 자신의 문제를 해결할 것을 믿는다.

⑧ 자신의 구매행위 실수에 대한 자책감이 있다(화난 상태).

⑨ 관련된 법규나 전문가와 상의한 후 상담을 요구하는 경우가 많다.

⑩ 병원치료 실수의 경우 신체적, 정신적 피해와 후유증에 대한 과민반응도 있다.

3) 화난 고객의 표현

① 선동하는 경우도 있다.

② 이메일에 욕설부터 퍼붓는다.

③ 전화를 걸자마자 화부터 낸다.

④ 화를 표출한 후에는 허전하거나 후회하는 경향이 있다.

⑤ 문서 상담에서도 불쾌한 표현, 결례되는 어휘를 사용한다.

⑥ 문제 해결이 잘못되면 대표이사(사장님)를 찾고 매스컴에 고발하는 등 문제를 확대하기 쉽다.

4) 고객 컴플레인 대처 방법 8가지 단계

(1) 경청

　　① 선입관을 버리고 문제를 파악한다.

　　② 고객의 항의에 경청하고 끝까지 듣는다.

(2) 감사와 공감표시

　　① 고객의 항의에 공감을 표시한다.

　　② 일부러 시간을 내서 해결의 기회를 준 것에 감사의 표시를 한다.

(3) 사과

　　① 잘못된 부분에 대해 정중하게 사과한다.

　　② 고객의 이야기를 듣고 문제점에 대해 인정을 한다.

(4) 해결 약속

　　① 문제의 빠른 해결을 약속한다.

　　② 고객이 불만을 느낀 상황에 관해 관심과 공감의 표현을 한다.

(5) 정보파악

　　① 문제 해결을 위해 꼭 필요한 질문으로 정보를 얻는다.

　　② 해결방법이 어려우면 고객에게 어떻게 해주면 좋을지 묻는다.

(6) 신속처리

　　① 잘못된 부분을 신속하게 시정한다.

(7) 처리확인과 사과

　　① 불만처리 후 고객에게 처리결과에 만족하는지 확인해본다.

(8) 피드백

① 해결방안을 모색하고 고객의 동의를 구하라.

② 컴플레인에 대하여 고객에게 감사함을 표하라.

③ 고객에게 컴플레인을 이해하였음을 표현하라.

④ 컴플레인의 내용을 정확하게 질문하고 기록하라.

⑤ 고객의 말에 주의 깊게 경청하고 공감을 표현하라.

⑥ 고객 불만사례를 회사 및 전 직원에게 알려 다시는 같은 문제가 발생하지 않도록 한다.

여기서 중요한 한 가지는 고객을 이해하려는 마음과 태도가 무엇보다 우선이라 것을 생각해 보아야겠다.

5) 고객 불만을 통한 서비스의 개선

(1) 서비스 문제의 원인파악

① 고객 불평의 모니터링을 시행한다.

② 고객 만족 조사를 시행한다.

③ 서비스 과정을 모니터링을 시행한다.

(2) 문제의 효과적 해결

가. 인적 요소 배양

① 종사원들을 보상한다.

② 종사원들을 지원한다.

③ 종사원에게 재량을 준다.

④ 만회를 위해 종사원들을 훈련한다.

나. 고객 희생을 보상한다.

다. 만회 경험으로부터 배운다.

① 근본 원인분석을 수행한다.

② 서비스 과정 모니터링을 수정한다.

③ 문제추적 시스템을 구축한다.

(3) 서비스에 뭔가 잘못되었을 때

　　① 문제를 재빨리 해결하라.

　　② 회복경험으로부터 학습하라.

　　③ 회복기회를 탐지하고 예측하라.

　　④ 현장에서 고객 문제를 해결하도록 노력하라.

　　⑤ 문제가 발생하기 전에 미리 예견하고 수정하라.

　　⑥ 문제가 완전히 해결될 때까지 정정 활동하라.

　　⑦ 문제가 발생하면 책임을 회피하지 말고 실수를 인정하라.

　　⑧ 문제를 해결하기 위한 일선 종업원에게 권한을 부여하라.

　　⑨ 직접적으로 자신의 실수가 아니더라도 진심으로 고객에게 사과하라.

03 고객 설문조사 기법

1. 설문조사 기법을 통한 고객만족, 고객 불만 요소를 파악할 수 있다.
2. 고객 불만유형의 분석을 통한 직원 직무능력 향상에 지표로 활용할 수 있다.
3. 고객 불만유형의 분석을 통한 업무개선을 통한 고객 재방문을 높일 수 있다.

1. 설문조사 기법을 통한 고객관계 관리

고객만족도 조사는 헤어살롱의 서비스 전반과 시술의 결과를 알아볼 수 있는 매우 중요한 평가이다. 이것은 고객의 직접적인 참여를 통해 평가하기 때문에 객관성과 고객만족을 알아볼 수 있는 중요한 기법이다.

1) 서베이(Survey)의 장단점

(1) 장점(Advantage)

① 대규모 조사를 진행할 수 있다.

② 자료의 코딩, 분석이 용이하다.

③ 대규모 표본으로 조사결과를 일반화할 수 있다.

④ 직접 관찰할 수 없는 동기, 개념을 측정할 수 있다.

⑤ 계량적 방법으로 분석하여 객관적으로 해석할 수 있다.

(2) 단점(Weakness)

① 응답률이 낮다.

② 설문지 개발이 쉽지 않다.

③ 조사에 오랜 시간이 소요된다.

④ 깊이 있고 복잡한 질문을 하기가 어렵다.

⑤ 부정확하고 성의 없는 응답을 할 가능성이 있다.

2) 대인 인터뷰법

대인 면접법이 비용이 들더라도 신뢰성이 가장 높은 것 같다. 접촉할 수 있는 범위가 한정적인 것이 단점이긴 하나, 대상이 한정적인 경우 그리 단점으로 느껴지지 않는다. (**예** 상가이용 고객 대상 인터뷰, 백화점 고객 대상 인터뷰 등)

장점(Advantage)	• 응답자가 질문을 이해 못하더라도, 면접원이 자세히 설명할 수 있다. • 시각적인 자료를 통해 진행할 수 있다. • 응답률이 높다. • 질문이 길거나 복잡하여도 진행이 가능하다.
단점(Weakness)	• 접촉할 수 있는 범위가 한정적이다. • 면접원에 의한 오류가 발생할 수 있다(통제 문제 포함). • 비용이 많이 든다.

3) 전화 인터뷰법

내방 고객을 대상으로 만족도 조사를 파악하기 위하여 전화를 많이 사용한다. 업무를 하면서 이메일도 많이 사용하지만, 전화로 직접 요청하거나 요청받는 경우가 많다. 여론조사의 경우 위의 전화 인터뷰를 통해서 진행되는 경우가 많다. (**예** 선거 후보자 선호도 인터뷰, 고객 만족도 인터뷰 등)

장점(Advantage)	• 조사가 신속히 이루어진다. • 좁촉범위가 대인 인터뷰보다 더 넓다. • 면접원의 통제가 용이하다. • 상대적으로 비용이 저렴하다.
단점(Weakness)	• 길거나 복잡한 질문을 하기 어렵다. • 시각자료를 사용할 수 없다. • 면접원의 오류가 발생할 수 있다.

4) 우편 조사법

우편을 이용하여 설문지를 주고받는 방법이다. 현재는 전자 통신의 발달로 인하여 이용자가 많이 감소하긴 하였으나 일부 특정 대상의 고객을 대상으로 이용되고 있다.

장점(Advantage)	• 면접원의 오류가 없다. • 응답자가 자신만의 속도로 응답이 가능하다. • 익명성이 보장된다. • 비용이 저렴하다. • 접촉범위가 넓다.
단점(Weakness)	• 회신까지 오래 걸린다. • 응답률이 낮다. • 응답자가 질문순서를 무시할 가능성이 있다. • 질문을 잘못 이해할 경우 설명할 수 없다.

5) 전자 인터뷰법

데이터베이스와 연계되어 자동으로 처리되는 웹 서베이 기법으로 현재는 고객관계 관리 프로그램의 고객 데이터를 바탕으로 신규고객 또는 특정 계층고객에게 고객만족도 조사 등에 사용되기도 한다.

장점(Advantage)	• 면접원에 의한 오류가 있다. • 응답자가 자신의 속도로 답할 수 있다. • 익명성이 보장된다. • 접촉 범위가 넓다. • 조사가 신속히 이루어진다. • 자료의 수집과 분석이 동시에 자동으로 이뤄질 수 있다.
단점(Weakness)	• 질문을 이해하지 못할 경우 설명할 수 없다. • 응답률이 낮다. • 인터넷 사용에 익숙한 집단만 응답한다(패널조사에 용이).

위와 같은 여러 서베이 기법을 활용 현재 뷰티서비스 업체의 문제점과 개선점을 파악하는 자료로 사용할 수 있다. 상담 내용에는 고객의 컴플레인과 칭찬 및 개선의 요소 등 고객의 입장에서 나오는 모든 내용을 기술한다.

등간척도의 기법으로 고객만족도의 수치를 일정 간격을 주어서 고객의 만족도를 측정한다.

매우 만족(5) – 만족(4) – 보통(3) – 볼만(2) – 매우 불만(1)

구분	고객명	전화 번호	서비스 내역	일자		상담 내용	고객 만족도				
				시술	TM		5	4	3	2	1

1-1. 실습 과제

1. 컴플레인 상황의 사례를 들어 정리

일별 컴플레인 처리 상황과 결과			
년		월	일	담당 디자이너 :

	성명 :	전화번호 :	시술 일자 :
고객 의견 내용	불만 사항		
	요구 사항		
디자이너의 의견	의견		
	원인		
처리 결과			
관리자 소견			

2. 컴플레인 현황을 통하여 직무분석

P&3 헤어살롱의 월 컴플레인 현황

디자이너 서비스 매뉴얼 별 컴플레인 현황						
구분	길이	A 디자이너	B 디자이너	C 디자이너	D 디자이너	E 디자이너	합계
커트	접객	1	0	0	0	0	
	상담	1	0	0	0	0	
	시술 결과	1	0	0	0	0	
드라이	접객	3	0	0	0	0	
	상담	0	0	0	0	0	
	시술 결과	0	0	1	0	0	
염색	접객	1	2	0	0	2	
	상담	0	0	0	0	4	
	시술 결과	0	0	0	0	3	
매니큐어	접객	2	1	0	0	0	
	상담	0	0	0	0	2	
	시술 결과	0	3	0	0	3	
일반펌	접객	0	2	0	0	0	
	상담	0	1	3	0	0	
	시술 결과	0	0	1	0	0	
셋팅펌	접객	1	0	0	0	0	
	상담	0	0	1	2	1	
	시술 결과	2	2	4	3	0	
디지털펌	접객	0	0	0	0	0	
	상담	0	0	0	1	0	
	시술 결과	0	0	0	4	0	
매직S/T	접객	0	3	0	0	0	
	상담	0	0	2	1	0	
	시술 결과	0	0	2	2	0	
일반S/T	접객	1	0	0	2	0	
	상담	2	0	0	0	0	
	시술 결과	0	1	1	0	0	
합계							

위의 상황을 보고 살롱의 컴플레인 유형과 각 서비스 메뉴별 컴플레인 점유비율을 분석하고, 또한 각 디자이너 서비스 메뉴별 컴플레인 점유비율을 분석하여 개개인의 필요한 직무를 분석하여 보자.

문 | 제 | 풀 | 이

개인별 컴플레인 수 / 매장 총 컴플레인 수 = 1인당 컴플레인 비율은 15 / 75 = 0.2, 직원별 컴플레인 점유 비율은 20%, 디자이너별 월 컴플레인은 15명으로 같다.

서비스별 점유비율을 차지하고 이중 가장 많은 부분이 셋팅펌과 염색(매니큐어 포함)의 부분으로 차지하고 있다.

- 커트 : 3명 / 75명 = 0.04(4%)
- 염색 : 12명 / 75명 = 0.16(16%)
- 일반펌 : 7명 / 75명 = 0.093(9.3%)
- 디지털펌 : 5명 / 75명 = 0.066(6.6%)
- 일반S/T : 7명 / 75명 = 0.093(9.3%)
- 드라이 : 4명 / 75명 = 0.053(5.3%)
- 매니큐어 : 11명 / 75명 = 0.146(14.6%)
- 셋팅펌 : 16명 / 75명 = 0.213(21.3%)
- 매직S/T : 10명 / 75명 = 0.133(13.3%)

중요한 사실은 컴플레인의 이면에는 시술결과의 문제만 있는 것이 아니라 상담과 접객의 문제가 있으므로 이것을 잘 확인하는 것이 중요하다.

- 접객 : 21명 / 75명 = 0.28(28%)
- 상담 : 21명 / 75명 = 0.28(28%)
- 시술결과 : 33명 / 75명 0.44(44%)

P&3 헤어살롱의 전체 컴플레인 중 시술결과의 만족도에서 문제가 발생 숙련도와 시술의 완성도에 개선의 노력이 필요로 할 것이다.

1. 클레임은 어느 고객이든 제기할 수 있는 객관적인 문제점에 대한 고객의 지적이라 할 수 있다.

2. 컴플레인은 고객의 주관적인 평가로, 불만족스러운 메뉴 및 서비스에 대한 불평을 전달하는 것을 의미한다.

3. John Goodman의 법칙은 제 1법칙은 토로의 효과, 제 2법칙은 구전의 효과, 제 3법칙은 교육의 효과가 있다.

4. 고객 컴플레인 대처 방법 8가지 단계

① 경청　　　　② 감사와 공감표시　　　　③ 사과　　　　④ 해결 약속

⑤ 정보파악　　　　⑥ 신속처리　　　　⑦ 처리확인과 사과　　　　⑧ 피드백

5. 서비스 문제의 원인파악

① 고객 불평의 모니터링을 시행한다.

② 고객 만족 조사를 시행한다.

③ 서비스과정을 모니터링을 시행한다.

6. 서비스에 뭔가 잘못되었을 때

① 회복기회를 탐지하고 예측하라.

② 현장에서 고객 문제를 해결하도록 노력하라.

③ 문제를 재빨리 해결하라.

④ 문제를 해결하기 위한 일선 종업원에게 권한을 부여하라.

⑤ 회복경험으로부터 학습하라.

⑥ 문제가 발생하기 전에 미리 예견하고 수정하라.

⑦ 문제가 발생하면 책임을 회피하지 말고 실수를 인정하라.

⑧ 직접적인 자신의 실수가 아니더라도 진심으로 고객에게 사과하라.

⑨ 문제가 완전히 해결될 때까지 정정 활동하라.

7. 고객 설문조사 기법은 창업 전 시장조사, 창업 후 고객만족도 조사, 서비스 개선 사항 조사 등 다양하게 활용된다.

MEMO
뷰티서비스

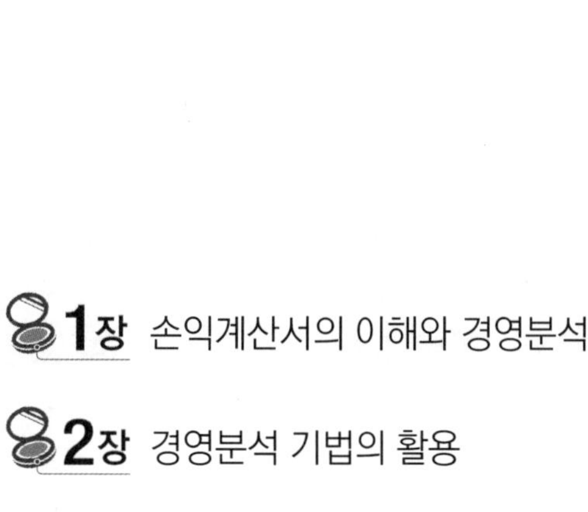

2강

뷰티서비스
경영분석 방법론

뷰티서비스
고객관리와
경영관리

1장

손익계산서의 이해와 경영분석

학습 개요

기업의 경영은 수입과 지출의 효율적 관리에서 시작한다. 손익계산서는 수익과 비용 추이를 파악할 수 있어 효율적인 경영이 가능하며, 기업의 성장 가능성을 진단해 볼 수 있는 도구로 활용이 가능하다. 손익계산서의 중점 체크포인트는 총 매출에 대비하여 이익이 얼마나 되는지를 파악하여 앞으로 내·외부적으로 조절 가능한 부분을 찾아내어 합리적으로 조절할 수 있다. 이를 통해 매출 대비 수익의 극대화를 이끌어내어 꾸준한 성장을 만들어 낼 수 있다. 그러므로 손익계산서의 이해와 구성, 손익계산서를 통한 영업 분석, 손익분기점, 고정비, 변동비, SWOT 분석 기법에 관하여 학습한다.

주요 용어

손익계산서(Profit and loss statement), 포괄주의, 회계원칙, 수익, 비용, 손익분기점(Break-even point), 고정비(fixed cost), 변동비, 감가상각비, 금융비, 기회비용, 사업소득금액, SWOT 분석

01 손익계산서의 이해

1. 손익계산서의 개념과 항목의 구성을 이해 구분할 수 있다.
2. 손익계산서를 통하여 영업 분석에 적용할 수 있다.

1. 손익계산서(Profit and loss statement)

손익계산서는 한 회계 기간에 발생한 비용항목과 수익항목을 기재하여 당해 기간의 순이익 또는 순손해를 표시한 재무제표이다. 대차대조표가 일정시점에서 기업의 정적 상태, 즉 정태적 재무제표라면, 손익계산서는 일정 기간의 기업의 동적 상태를 표시한 동태적 재무제표라고 할 수 있다.

- 이익과 손실을 한눈에 쉽게 알아볼 수 있도록 나타낸 계산서
- 일정기간 동안의 경영성과를 보여주는 재무제표
- 일정기간 동안 발생된 수익, 비용, 이익이 주요 구성 항목

매출액
매입액
고정 관리비 및 일반 관리비

손익계산서의 기재 방법에는 기업 본래의 기간경영에서 계속 발생하는 경상적 손익만을 기재하는 당기 업적주의와 1회계연도에 발생 및 발견된 비용 · 수익은 그 귀속시기를 묻지 아니하고 모두 귀속시키는 포괄주의가 회계 이론상 대립한다.

손익계산서에는 한 회계 기간에 발생 또는 실현한 모든 손익항목을 기재하는 '포괄주의 손익계산서'와 경상적이고 기간적인 손익항목만을 기재하는 '당기 업적주의 손익계산서'가 있다. 원칙적으로 수익과 비용이 한 회계기간을 단위로 하여 측정되므로 그 차액인 이익도 기간적인 것으로 간주한다. 따라서 이익이란, 일반적으로 한 회계기간 중의 총 수익에서 총비용을 감한 기간 순이익을 뜻한다.

① 기업회계기준에서는 포괄주의를 취한다(기업회계기준 제64조).
② 손익계산서의 양식은 계정식과 보고식이 있으나 보고식이 원칙이다(기업회계기준 제64조 2호).
③ 계정항목은 기업회계기준에서 상세히 정하고 있다(기업회계기준 제65조 4항).

뷰티서비스업에서의 손익계산서의 의미는 매월 그달의 수입과 각종 비용을 계산하여 이익이 얼마인지 손실이 난다면 손실이 얼마인지를 정리하는 것이라고 보면 된다.

매월 단위로 정리한 계산서를 1년 단위로 모아보게 되면 1년 동안의 매출 추이를 파악할 수 있고 그에 따른 효율적인 운영이 가능해진다.

1) 손익계산서에서 얻을 수 있는 정보

뷰티서비스업의 경우 매월 단위로 정리한 계산서를 1년 단위로 모아보게 되면 1년 동안의 매출 추이를 파악할 수 있고 그에 따른 효율적인 운영이 가능해진다. 1년간의 성장성을 평가하고 향후 성장 가능성을 진단해 볼 수 있는 도구로 활용이 가능하다.

| 회계기간 동안의 점포의 경영성 | 효율적인 비용의 관리여부 | 영업활동으로 인한 성과 | 재무활동으로 인한 성과 | 향후 수익 및 현금흐름 창출능력 |

2) 손익계산서의 활용 분야

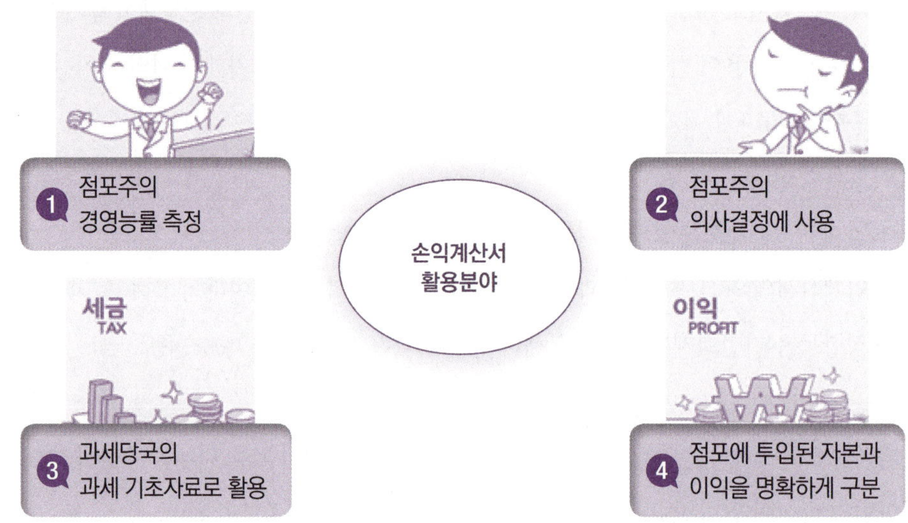

3) 손익계산서의 이익 구성

영업이익 = 매출이익 - 인건비, 일반관리비

경상이익 = 영업이익 + 영업 외 수익 - 영업 외 손실

세전이익 = 경상이익 + 특별이익 - 특별손실

당기이익 = 세전이익 - 각종 세금(법인세 등)

4) 손익계산서 작성기준

	표. 손익계산서		
	항 목		금액
1	월 매출액		100
2	월 매출액		3,000
3	매출원가 33%		1,000
4	매출이익(2 - 3)		2,000
	고정비	임대료	300
		인건비	500
		수도, 광열, 가스비	200
		보험료	50
		기타 판매관리비	50
5	고정비 소계		1,100
6	영업이익(4-5)		900
7	영업 외 수익		100
8	영업 외 손실		100
9	경상이익(6+7-8)		900

- 1, 2 → 제품 및 상품의 매출액입니다. 부가가치세 제외
- 3 → 제품이나 상품의 공급받는 가격으로 계산
- 4 → 매출액 - 매출원가
- 임대료 ~ 기타 판매관리비 → 임대료, 인건비, 수도광열비, 보험료 등
- 6 → 매출 총 이익 - 고정비
- 7 → 영업과 관련 없는 수익으로 수입이자, 잡이익 등
- 8 → 영업과 관련 없는 비용으로 지급이자, 잡손실 등

손익 계산서							
계정과목	차 변	대 변	합 계	계정과목	차 변	대 변	합 계
Ⅰ. 매출액				16. 판매 수수료			
Ⅱ. 매출 원가(1 + 2 − 3)				17. 대손 상각비			
1. 기초상품(제품) 재고액				18. 소모비			
2. 당기 매입액(제조원가)				19. 인적 용역비			
3. 기말상품(제품)재고액				20. 기타			
Ⅲ. 매출 총이익(Ⅰ − Ⅱ)				Ⅴ. 영업손익(Ⅲ − Ⅳ)			
Ⅳ. 판매비 및 관리비				Ⅵ. 영업 외 수익			
1. 급여와 제수당				1. 고정 자산 처분이익			
2. 퇴직급여(충당금 포함)				2. 이자 수익			
3. 의약품비				3. 판매 장려금			

<table>
<tr><td colspan="7" align="center">손익 계산서</td></tr>
<tr><td>계정과목</td><td>차 변</td><td>대 변</td><td>합 계</td><td>계정과목</td><td>차 변</td><td>대 변</td><td>합 계</td></tr>
<tr><td>4. 복리후생비</td><td></td><td></td><td></td><td>4. 국고 보조금</td><td></td><td></td><td></td></tr>
<tr><td>5. 여비교통비</td><td></td><td></td><td></td><td>5. 제 준비금 환입액</td><td></td><td></td><td></td></tr>
<tr><td>6. 세금과 공과</td><td></td><td></td><td></td><td>6. 기타</td><td></td><td></td><td></td></tr>
<tr><td>7. 임차료</td><td></td><td></td><td></td><td>Ⅶ. 영업 외 비용</td><td></td><td></td><td></td></tr>
<tr><td>8. 보험료</td><td></td><td></td><td></td><td>1. 고정자산 처분손실</td><td></td><td></td><td></td></tr>
<tr><td>9. 감가상각비</td><td></td><td></td><td></td><td>2. 이자 비용</td><td></td><td></td><td></td></tr>
<tr><td>10. 수선비</td><td></td><td></td><td></td><td>3. 기부금</td><td></td><td></td><td></td></tr>
<tr><td>11. 접대비</td><td></td><td></td><td></td><td>4. 재해손실</td><td></td><td></td><td></td></tr>
<tr><td>12. 광고 선전비</td><td></td><td></td><td></td><td>5. 제 준비금 전입액</td><td></td><td></td><td></td></tr>
<tr><td>13. 운반비</td><td></td><td></td><td></td><td>6. 기타</td><td></td><td></td><td></td></tr>
<tr><td>14. 차량 유지비</td><td></td><td></td><td></td><td>Ⅷ. 당기순손익(Ⅴ + Ⅵ − Ⅶ)</td><td></td><td></td><td></td></tr>
<tr><td>15. 지급 수수료</td><td></td><td></td><td></td><td></td><td></td><td></td><td></td></tr>
</table>

5) 손익계산서의 항목별 요소(뷰티서비스업의 예)

Ⅰ. 총 매출액(1 + 2 + 3)

1. 서비스 매출(미용 서비스에 대한 매출)

2. 제품 판매 매출(헤어제품 등을 판매한 매출)

3. 기타 매출(주된 미용서비스 이외의 부가적인 매출이다)

Ⅱ. 매출 원가(1 + 2)

1. 서비스 매출 재료비(재료비, 단위당 인건비, 그 외 소모품 비 등의 합계이다)

2. 제품 판매 원가(제품의 매입가격, 매입가격 + 마진 = 판매가격이다)

Ⅲ. 매출총이익(Ⅰ − Ⅱ)

Ⅳ. 판매비와 일반 관리비 · 고정비와 변동비로 구분

1. 급여와 제수당(기본급 + 인센티브, 제품판매수당, 각종 포상금 등이다)

2. 퇴직급여(충당금 포함) (개인 사업자의 경우 실시하지 않지만, 퇴직금 적립금이다)

4. 복리 후생비(회식비 등의 성격이다)

5. 여비 교통비(공무를 위해 움직일 때 지급, 퇴근 늦은 직원에게 택시비 지급 등이다)

6. 세금과 공과(납부예상 부가세, 전기요금, 수도요금, 관리비 등이다)

7. 임차료(점포의 월세를 말한다)

8. 보험료(사업 시 가입하는 보험 # 화재보험, 영업배상 책임보험 등이다)

9. 감가상각비(시설 및 기구의 사용으로 가치하락 분을 비용으로 처리하여 적립한다)

10. 수선비(시설의 보수나 개선 등에 소요되는 비용이다)

11. 접대비(영업의 활성화를 위해 접대가 필요할 때, 아파트 부녀회원의 행사에 찬조)

12. 광고 선전비(광고 및 홍보에 쓰이는 비용이다)

13. 운반비(원자재의 운반이 필요한 경우 그에 따른 비용, 미용실의 경우 제외한다)

14. 차량 유지비(업무용 차량을 보유한 경우 유류비, 보험료, 차량 보수비 등이다)

15. 지급 수수료(미용실의 경우 제외항목이다)

16. 판매 수수료(미용실의 경우 제외항목이다)

17. 대손 상각비(미래에 손해를 볼 경우를 대비해 준비하는 자원, 외상매출금 등이다)

18. 소모품비(일회성이나 단 기간 내에 교체 또는 재 구매해야 하는 재료 등이다)

20. 기타(그 외의 지출)

Ⅴ. 영업 손익(Ⅲ - Ⅳ) (매출금에서 재료비, 인건비, 각종 비용을 공제함)

Ⅵ. 영업 외 수익

1. 고정자산 처분이익(보유한 자산의 처분으로 발생한 이익, 미용실의 경우 전무하다)

2. 이자수익(감가상각비나 퇴직급여, 대손 상각비 등의 예금으로 발생한 이자수익 등이다)

3. 판매 장려금(직원에게 제품 판매 시 지급하는 수당이 여기에 속한다)

4. 국고 보조금(미용실의 경우 제외한다)

5. 제 준비금 환입액(미용실의 경우 제외한다)

6. 기타

Ⅶ. 영업 외 비용

    1. 고정자산 처분손실(보유한 자산의 처분으로 발생한 손실이다)

    2. 이자비용(차입금이 있을 시 지급하기로 된 이자 부분, 금융비 등이다)

    3. 기부금(특정 단체에 기부한 경우 영수증을 첨부하면 연말 정산 시 공제대상이다)

    4. 재해손실(화재, 태풍 등으로 인한 피해가 발생할 때 입은 손실이다)

    5. 제준비금 전입액(미용실의 경우 제외한다)

    6. 기타

Ⅷ. 당기 순손익(Ⅴ + Ⅵ − Ⅶ)(주된 영업의 손익 + 그 외 손익)

6) 손익계산서 통한 영업 분석

손익계산서의 중점 체크 포인트는 총 매출에 대비하여 이익이 얼마나 되는지를 파악하여 향후 내, 외부적으로 조절 가능한 부분을 찾아내어 늘일 부분과 줄일 부분을 적절히 조절할 수 있다. 이로 통해 매출 대비 수익성의 극대화를 이끌어내어 꾸준한 성장을 만들어 낼 수 있다.

개인 사업자의 경우 법인과 달리 규모의 한계로 인해 회계정리를 명확히 하지 못하는 것이 현실이지만 매일 매일 수입과 지출을 기재하고 정리하여 그것을 한 달 단위로 모아서 정리하여 검토하고 다음 달의 계획을 수립하고 실행하여 그 결과를 그다음 달에 측정해보는 방식으로 진행하게 되면 어렵지 않게 손익계산서에 관한 인식을 할 수 있을 것이다.

뷰티서비스업을 하는 대부분 운영자는 매일 매일 임의대로 기장을 하고 있다. 그것을 좀 더 자세히 작성하여 일정 기간의 성과를 계산해보는 것이니 어렵게 생각할 필요는 없다.

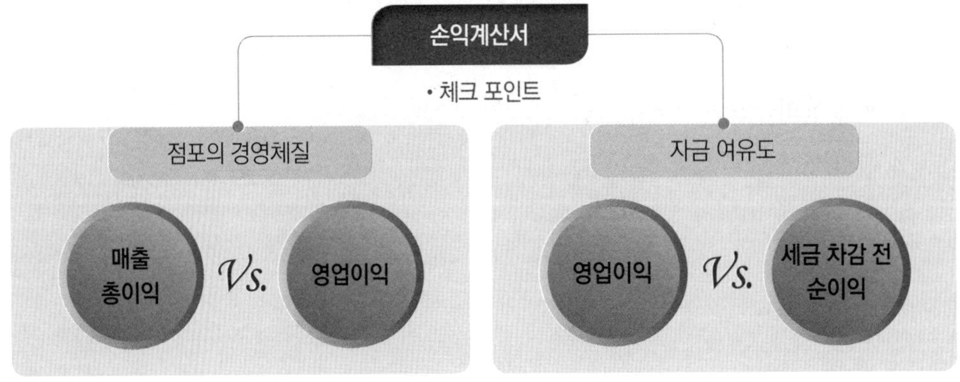

02 경영분석

1. 경영분석 방법을 통한 경영관리를 분석하고 전략을 수립할 수 있다.

2. 손익분기점, 기회비용의 개념과 산출방법을 이해하고 활용에 적용할 수 있다.

3. 고정비와 변동비의 재무 분석을 통한 고정경비를 파악하여 리스크 경영에 적용할 수 있다.

학습목표

4. SWOT 분석의 개념과 원리를 이해하고 경영분석에 적용하여 활용할 수 있다.

1. 점포의 체질 분석

점포의 체질분석, 즉 수익과 비용의 구조 또는 매출 총이익과 영업이익을 통하여 바람직한 영업 방향을 제시하려는 방법이다.

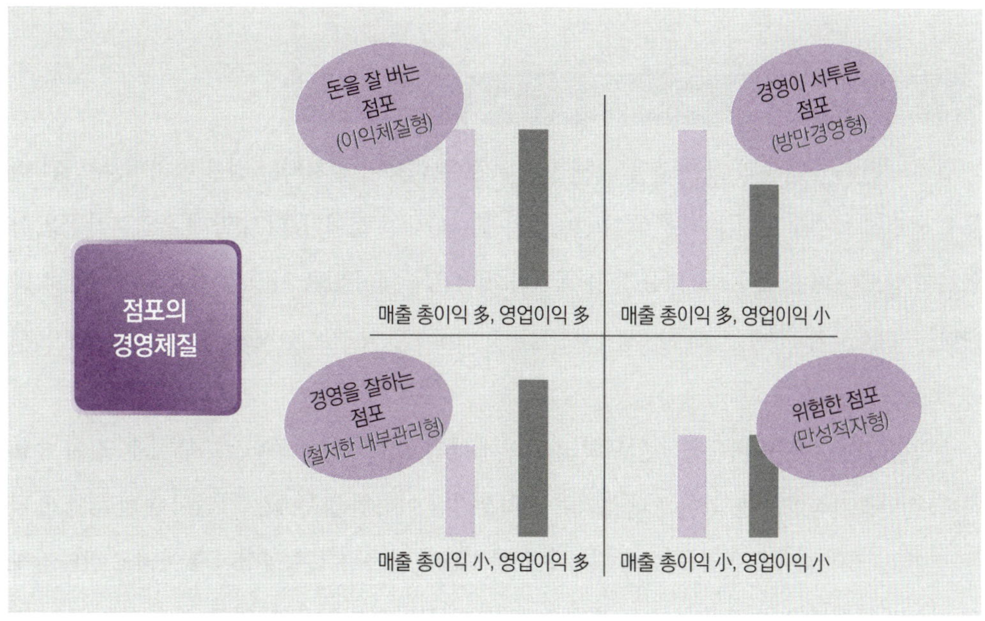

이익체질형은 매출도 높고 그에 따른 이익도 많은 경우이다. 물론 이러한 점포에는 직접 방문해 보면 그럴만한 이유가 분명히 있다. 이런 경우는 소위 돈 잘 버는 점포이다.

내부관리형은 상대적으로 매출은 적지만 내부적으로 비용의 효율적 배분 등을 통하여 매출대비 이익을 극대화 시키는 점포이다. 이러한 점포의 특징은 대표가 관리능력이 탁월한 경우이다. 예를 들어, 은행에서 근무한 경력이 있는 경우 또는 기업에서 자제관리부 또는 총무부에 근무한 경력이 있다는 하는 경우가 많다.

방만경영형을 보면 매출은 많은데 실제 이익은 현저히 적은 경우다. 이런 점포의 특성은 대표의 자금관리 능력 부재와 비용의 적정성을 평가해 보지 않는다는 것이다. 이러한 경우는 경영개선을 시급히 해야만 살아남을 수 있는 경우이다. 만약 스스로 해결하지 못한다면 외부의 전문컨설턴트의 컨설팅 등을 통해 도움을 받는 것도 아주 유용한 방법이 될 것이다.

만성적자형의 경우는 매출도 적고 이익도 적은 경우이다. 이런 경우는 10중 9는 시급히 점포를 정리하는 것이 바람직할 것이다. 외부적인 요소로 인한 매출 부진의 경우는 이를 극복하기가 쉽지 않다. 다만, 내부적인 요소로 인한 매출 부진이라면 이를 개선하여 점포를 활성화할 수 있는 경우도 있다(식당 - 맛의 문제, 뷰티서비스업 - 서비스 or 고객관계 관리문제 등).

● 2. 손익분기점(Break-even point)

일정 기간의 매출액과 그 매출을 위해 소요된 모든 비용이 일치되는 점을 말하며, 투입된 비용을 완전히 회수할 수 있는 매출액이 얼마인가를 나타내는 것이다. 다시 말해 손익분기점은 사업하여 일으킨 매출에서 필요비용 등을 제외하고 남은 금액이 없을 시점, 즉 0이 되는 기점을 말한다(총 매출에서 각종 비용과 공제 대상 등을 빼고 남는 것이 0일 때 이익도 없고 손해도 없는 지점을 손익분기점이라 한다).

손익분기점 산출 시 비용을 조업도와의 관련에 따라 고정비와 변동비로 구분하는 것이 중요하다. 손익분기점이 주는 의미는 매출액이 손익분기점 이하인 경우에는 기업이 손실을 보게 되는 것이고 그 이상이면 이익을 보게 되며 손익분기점이 낮을수록 수익성이 높아지고 판매가격의 인상과 고객 수의 증가 또는 비용의 절감으로 손익분기점을 낮출 수 있다.

손익분기점에 영향을 주는 요소로는 판매가, 원가요소의 가격, 원가구성, 생산방법 등이 있다.

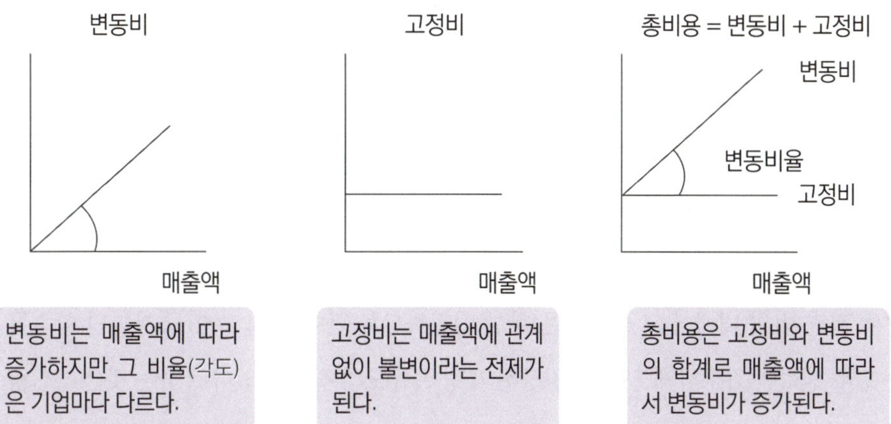

1) 손익분기점 산출

어느 김밥집에서 김밥 하나만을 판다고 가정해보자. 김밥 한 줄의 판매가격은 1,000원이며 김밥 한 줄을 만들기 위해 들어가는 비용은 500원(단위당 변동비용)이다. 김밥집은 매월 1,000,000원의 집세(고정비용)를 지급한다.

풀 | 이

김밥을 전혀 팔지 못하면 손실이 100만 원이다. 김밥 1개를 팔면 매출이익이 500원이며, 손실이 99만 9,500원이 된다. 이때, 김밥 1개를 팔아서 남는 이익을 공헌이익이라 한다. 이는, 김밥 2,000개를 팔면, 매출이익이 "개당 이익 500원 × 2,000개 = 100만 원"이 되어 고정비용을 삭감시키는데 공헌하기 때문이다. 이때의 매출수량 2,000개가 손익분기점 매출량이며, 손익분기점 매출액은 1,000원 × 2,000개 = 200만 원이 된다.

단순히 1,000,000원의 매출만 생각하면 안 된다. 매출에는 분명 재료비와 비용이 들어가기 때문에 이 부분까지 고려해야 한다. 미용실의 경우 파마 요금에는 재료비, 인건비, 판매이익이 포함되어야 한다. 이처럼 사업소득 금액을 산출하고 그에 따라 손익분기점을 파악하여 일일 매출액 목표를 설정할 때 기준으로 활용하게 하며 분기별로 성과를 점검하여 앞으로 기업의 성장률을 예측할 수 있다.

1) 고정비

고정비란, 일정 기간 영업활동의(생산자는 조업도, 판매자는 매출액) 변동과 관계없이 항상 일정액으로 발생하는 원가로 고정자산의 감가상각비나 경영자의 급여, 보험료, 제세공과 임차료 등이 이에 속한다. 고정비는 일정한 기간 내에 일정한 조업도의 범위 내에서만 고정적이다. 고정비의 경우에 관련 범위 내에서 그 발생액은 항상 일정하므로 판매량(조업도)이 증가하면 할수록 부담되는 단위 원가는 감소하게 된다. 대량생산의 경우 규모의 경제가 있다고 하는 것은 생산량이 증가할수록 생산량단위당 부담되는 고정비의 크기가 이처럼 감소하기 때문이다. 뷰티서비스업의 경우 시간당 생산량이 많아지게 되면 고정비가 감소하여 이익률이 높아지게 된다. 그러므로 직원들의 작업시간을 표준화할 필요가 있을 것이다.

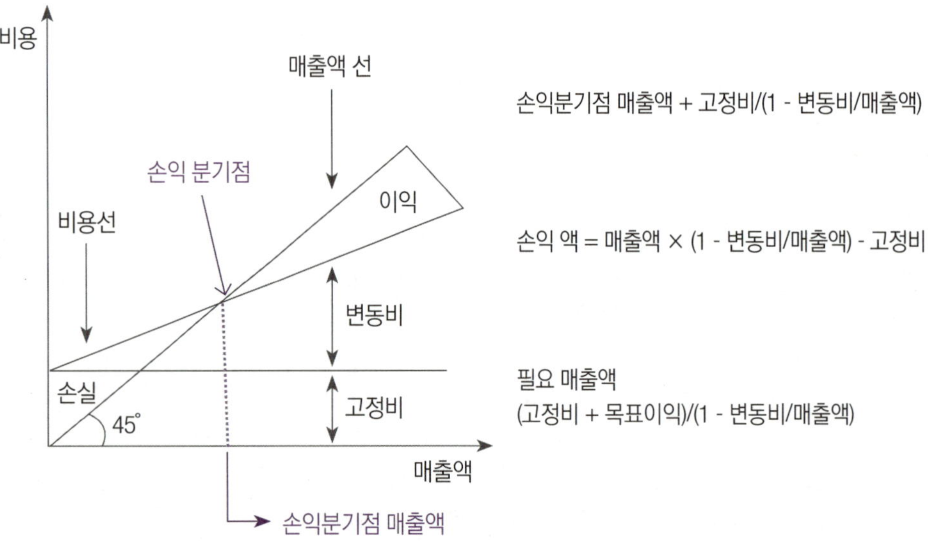

2) 변동비

판매량(생산량)의 증감에 따라 변화되어 발생하는 비용을 말한다. 변동비의 주요항목은 재료비, 부분품비, 외주가공비 등이 있으며 뷰티서비스업에서는 펌, 염색할 때 쓰이는 재료비, 각종 시술을 위해 사용하는 전기요금, 수도요금 등이 된다.

4. 감가상각비

감가상각비는 고정비로 어떠한 시설·기계(재화)를 사용함에 따라 가치가 하락하게 되는데 이를 매달 비용으로 보아 금액으로 환산하여 비용으로 처리하는 것이다(손해보험협회에서 뷰티서비스업의 경우 인테리어 시설과 기자재 등의 사용 연한, 즉 수명을 5년으로 간주함으로 그에 따라 사용 연한을 60개월로 보고 계산한다).

총 투자된 시설비와 기자재비용을 매달 1/60을 비용 처리한다. 하지만 여기서 비용으로 처리하지만, 외부로 지출하는 것은 아니다. 비용 처리한 부분은 별도로 적립식으로 저축하고 60개월 후 모든 시설과 기자재가 사용 연한을 다했을 때 재투자비용으로 사용하도록 한다.

총 시설비 ÷ 60개월(평균 사용수명 : 5년)

5. 금융비(차입금에 대한 이자)

은행 대출 시 적용받는 금리를 기준으로 계산하면 된다.

예 5,000만 원 대출, 대출 금리 6%, 1년 300만 원, 대출금에 대한 이자 300 ÷ 12 = 25만 원

소득산출을 할 때는 한 달로 계산하는데 대출금 총액 X 대출 금리 ÷ 12개월로 계산한다.

사업소득은 단순히 총 매출에서 각종 비용을 공제하고 남은 금액이 아니라 자기 임금까지 공제 후 남은 금액이 사업소득이라 할 수 있다. 이는 사업을 하였기 때문에 얻을 수 있었던 소득이라는 뜻이다. 애초에 사업을 하지 않고 직장생활을 했더라면 벌어들일 수 있는 것은 급여 소득일 것이다. 이에 반해 자기자본에 대해서는 기회비용을 상실하지 않게 된다. 만약 은행 등에 예치했다면 시중 금리에 해당하는 이자소득은 가능한 것이다. 이러한 보장된 기회를 버리고 사업을 시작할 때에는 무엇보다 먼저 고려해야 할 것이 있다. 바로 수익성이다. 수익성이 보장된다는 것은 원래 얻고 있던 소득을 대신하거나 초과하여야 한다. 그렇지 않다면 굳이 성공할지 실패할지 모르는 불확실성을 가지고 사업을 할 이유가 없는 것이다. 물론 이제는 직장을 다니지 못하고 실직할 상황에 있는 사람이라면 입장은 달라지지만, 이 경우에도 수익성 검증은 반드시 우선되어야 할 것이다. 그러기 위해서 우리는 상권분석, 입지여건 분석, 유동인구 조사, 상권 내 주거 민

의 수, 지역의 소득 수준 등을 조사하고 분석하는 것이다. 이러한 절차를 귀찮고 어렵다는 이유로 간과하게 되면 사업에 성공할 확률보다 실패할 확률이 더욱 높아질 것이다.

우리 주변에서 흔히들 장사는 운이 따라야 한다는 이야기를 많이 하는 것을 들은 적이 있을 것이다. 여기서 이야기하는 운이라는 것도 철저히 준비한 자에게 따를 수 있다. 예를 들어, 수익성이 현저히 떨어지는 점포를 구해 사업을 시작했다면 분명 한계에 부디칠 것이다.

사업은 시작 단계에서부터 면밀한 검토를 통하여 준비해 나가야 할 것이고 나아가 운영하는 중에도 항상 주기적인 재검토를 통해서 수익성을 극대화할 필요가 있다. 사업소득을 구하는 것이 중요한가를 반문해보면 꼭 그렇지만은 않다. 하지만 정확한 소득을 알고 있어야 경영을 하면서 실현 가능한 목표를 설정하거나 비용절감 등의 조정을 원활히 할 수 있게 된다. 월간 얼마의 소득을 얻고 있는지 비용으로는 얼마나 지출되고 있는지 고객의 수에 따른 직원의 수는 적당한지 재료비는 적정 수준인지 등을 더욱 쉽게 파악할 수 있어 효율적인 운영이 가능해질 것이다.

● 6. 기회비용

기회비용이란, 여러 선택 중에서 한 가지를 선택했을 때 포기한 대안 가운데 가장 좋은 한가지의 가치를 뜻한다. 경영자가 자본을 기업에 투자함으로써 얻어지는 이윤은 기회비용인 이자보다도 많지 않으면 안 된다. 그렇지 않다면 기업소유자로서는 돈을 빌려주는 편이 나을 것이기 때문이다. 경제학에서는 회계비용(Accounting Cost)뿐만 아니라 기회비용을 고려하여 반영하여야 한다. 한정된 생산요소를 가지고 다양한 선택의 기회가 존재한다. 어떤 재화의 두 종류의 용도 중 하나를 포기할 경우 포기하지 않았다면 얻을 수 있는 이익의 평가액(기회비용)이라고 한다. 여러 선택방안 중에서 한 가지를 선택했을 때 포기한 대안 가운데 가장 좋은 한 가지의 가치라고 말할 수 있다.

※기회비용 : 어떠한 기회를 획득하기 위해서 발생하거나 손실되는 부분을 비용으로 처리한다.

풀ㅣ이

총 자본 3억 원, 차입금 1억 원, 순 자본(자기자본) 2억 원, 예금 금리 4%로 가정할 때, 2억 원×4% = 800만 원 (1年), 800만 원÷12 = 666,000원은 사업을 하지 않고 내 자산을 은행에 맡겨 놓으면 이자를 보장받지만, 사업을 위해 투자함으로써 은행으로부터 안정적으로 보장받을 수 있는 이자 부분을 포기하였기 때문에 이 부분을 회계상 비용으로 처리하는 것이다. 단, 영업규모에 따라 생략할 수 있다. 비용으로 처리하지만, 외부로 지출되거나 누구에게 지급하는 것은 아니다. 통상적으로 별도의 예금으로 적립한다.

① **총 매출** : 일일 매출을 한 달 기준으로 결산할 때 한 달간 벌어들인 총수입을 말한다.

② **비용** : 영업을 하여 매출을 일으키는데 소요되는 모든 것들을 비용이라 하고 이를 매출에서 공제한다.

③ **고정비** : 고객의 수가증가 하거나 감소하는 것과 관계없이 고정적으로 나가야 하는 비용

　　예 임대료, 인건비, 금융비(대출 이자) 등

④ **변동비** : 고객의 수가증가 하거나 감소할 때 그에 따라 변동이 되는 비용이며 고객의 수나 매출증감에 따라 달라지는 비용

　　예 공과금, 재료비 등

뷰티서비스업의 경우 대부분의 경우 고정비와 변동비를 비용으로 처리하고 남은 부분을 소득으로 보는 경우가 많다.

총 자본금 3억 원, 자기 자본금 2억 원, 점포 임대 보증금 1억 5천만 원, 점포 임대료 300만 원, 인테리어 및 집기 1억 원, 인건비(디자이너 3명 각 200만 원, 스텝 3명 각 100만 원), 잡비 250만 원(잡비는 고객접대비와 직원 식대 등을 묶어 산정), 재료비 12%, 재료비는 총 매출대비 10 ~ 15%가 적정수준이다. 여기에서는 12%로 정한다.

공과금 150만 원, 공과금은 전기, 수도, 관리비 등이며 매달 다르지만, 편의상 지정한다.

자기 임금 300만 원, 회사로부터 대표가 받는 형태를 취하며 여기에는 통상적인 급여 수준에 경영 인센티브를 더하여 산정한다.

시중금리 : 예금 4%, 대출 6.5%이라고 가정

영업일수 30일 일일 매출 85만 원(천 원 미만 절사) 먼저 일일 매출 850,000원에 영업일 수 30일을 곱하여 총 매출을 구한다. 850,000 × 0 = 25,500,000

비용은 고정비와 변동비로 나뉘는데 고정비는 영업 시 고객의 수가 많고 적음에 상관없이 고정적으로 지출되어야 하는 것을 말한다. 임대료와 인건비, 차입금이 있다면 그에 따른 금융비가 여기에 속한다. 변동비는 고객 수에 비례하여 많아지거나 적어질 수 있는 것을 말한다. 재료비와 공과금, 잡비는 여기에 속한다.

- 고정비 : 인건비 9,000,000, 임대료 3,000,000, 금융비(100,000,000 × 0.5% ÷ 12 = 541,000)
- 변동비 : 재료비(25,500,000 × 2% = 3,060,000), 잡비 2,500,000 공과금 1,500,000
- 감가상각비 : 100,000,000 ÷ 60 = 1,666,000, 시설 및 집기를 사용연한 5년으로 나눠 비용처리하고 적립한다.
- 기회비용 : 200,000,000 × 4% ÷ 12 = 666,000, 순수 자기자본에 대한 은행 예금이자에 해당한다.
- 자기임금 : 3,000,000, 통상적인 급여 수준과 경영에 대한 플러스를 더해 책정한다.

여기에서 위 기업의 월간 손익 분기점을 구한다면 얼마가 될까? 아주 간단하게 구한다면 총 매출에서 위의 사업소득금액을 빼면 된다.

22,500,000원 - 67,000원 = 21,933,000원이 된다. 즉, 이 기업은 한 달간 21,933,000원의 매출을 올려야 최소한 적자가 나지 않는다는 뜻이다, 물론 이익도 나지 않지만 적어도 기업을 계속 운영할 수 있는 기본적인 여건은 마련되어 있다고 해석할 수 있겠다.

※자기임금 : 창업자 스스로 자신에게 주는 임금을 의미하며, 법인의 경우 법인의 대표자도 회사로부터 급여를 지급 받는다. 이와 마찬가지로 개인사업자도 회사가 대표자에게 급여를 지급 하는 형태로 회계처리를 한다.

8. SWOT 분석

1) SWOT 분석이란

기업의 환경 분석을 통해 강점(Strength)과 약점(Weakness), 기회(Opportunity)와 위협(Threat) 요인을 규정하고 이를 토대로 전략을 수립하는 기법이다. 앞글자를 따서 합성된 단어이며 다음과 같은 의미가 있다.

① 강점(S) : 다른 기업과 차별되는 우위의 내적 역량을 말한다.

② 약점(W) : 기업의 경쟁자들에 비해 경쟁 열위로 지니고 있는 내적 특성을 말한다.

③ 기회(O) : 사건, 시간 및 장소의 혼합이 기업에게 중요한 편익을 주는 환경을 말한다.

④ 위협(T) : 기업에게 중대한 손상을 주게 되는 환경과 사건을 말한다.

즉, SWOT 분석은 환경요인에 대하여 내부능력요인을 전개함으로써 전략적 대응을 모색하려는 최적의 기법이다. 회사가 당면한 환경 및 상황과 자신의 능력을 파악한 후 대응방안을 모색하기 위한 전략기법이다. 목표와 비전을 함께 고려하여 조직의 강점과 약점, 기회와 위협요인에 대해 지속해서 분석과 재평가를 하고, 반영할 수 있어야 하겠다.

(1) 내부 환경요인

① **강점** : 외부기회를 이용하거나 위험요소를 최소화하기 위해 사용할 수 있는 보유한 자원 또는 능력을 말한다.

- 다른 기업(또는 경쟁자)과 비교해 월등하게 사업 확장 가능성이 있는가?
- 리스크를 피하거나 최소화할 전략이 나오는가?

② **약점** : 목표를 달성할 수 있는 능력을 저해하거나 실패를 피하기 위해 극복해야 하는 자원이나 능력의 결핍 등을 말한다.

- 강점으로 인식되는 것은 무엇인가?
- 약점으로 인식되는 것은 무엇인가?

위의 질문을 통해 요인들을 정리하도록 한다.

(2) 외부 환경요인

① **기회** : 기업이나 조직이 사업이나 시장을 확장 또는 개선하기 위해서 조직의 강점을 집중할 수 있는 능력을 말한다.

② **위협** : 경쟁사가 자사의 약점을 이용하기 위해 경쟁사의 장점을 집중할 수 있는 영역을 말한다.

③ 유리한 기회 요인들은 무엇인가?

④ 불리한 위협 요인들은 무엇인가?

위에 대한 질문을 통해 자사에 영향을 미치는 정보를 기준으로 기회와 위협 요인을 구분 짓는다.

구분	강점	약점
기회	SO전략	WO전략
위협	ST전략	WT전략

2) SWOT 분석을 통한 전략수립

(1) SO 전략 : 공격전략

강점을 가지고 기회를 살리는 전략, 전략상 가장 유리한 전략이며, 기업이 가진 장점을 가지고 외부환경의 기회를 활용하여 목표를 원활히 달성하는 방안이다.

(2) ST 전략 : 리스크 회피전략

강점을 활용해 위협을 회피하거나 최소화하는 전략이며, 자신의 강점을 이용하여 시장의 좋지 않은 상태를 극복하는 방안을 말한다.

(3) WO 전략 : 공격전략 및 포기전략

약점을 보완하여 기회를 살리는 전략, 자신이 가지고 있는 것은 불리한 약점을 보완할 것인지 아니면 포기할 것인지에 대하여 결정하는 것이라 할 수 있다. 만약 약점을?보완하는 데 어려움이 있고 그 한계가 있다면 보완을 하기보다는 포기하는 것이 효율적일 것이다.

(4) WT 전략 : 방어전략

약점을 보완하여 위협을 회피 또는 최소화하는 전략과 약점을 강점으로 최대한 책임져 위협을 회피하는 전략을 말한다.위 내용을 중심으로 전략을 수립하고 요인들 간의 관계와 중요도를 파악하고 구체적인 전략을 수립할 수 있다. 최종적인 전략선택에 고려되어야 할 부분은 전략적 중요도가 높고 긴급하게 추진해야 할 전략, 전략적 중요도가 높고 자원투입 정도가 낮은 전략을 선택하는 것이 바람직할 것이다.

<table>
<tr><td>

강점 _ 나에 대한 자신의 관점

- 많은 일을 복합적으로 하는 것을 좋아함
- 말솜씨
- 손 압이 세서 시원함
- 철저한 준비성

</td><td>

약점

- 테크닉 미흡
- 손이 차다
- 표정관리가 안 됨

</td></tr>
</table>

SWOT 분석을 통한 전략수립

<table>
<tr><td>

- 경쟁업체끼리 치열한 경쟁
- 불친절한 서비스로 인한 이탈고객 발생
- 비용이 너무 많이 듦

위험

</td><td>

- 새로운 아이디어와 많은 홍보
- 재방문 효과
- 시너지 효과(피부 샵+웰빙 식당)

기회 _ 컨트롤할 수 없는 외부적인 요소

</td></tr>
</table>

<table>
<tr><td>

강점 + 약점

- 손을 따뜻하게 하여 고객들이 만족할 수 있게 함
- 언행일지의 노력이 필요
- 테크닉을 키워 더 철저히 준비함

</td><td>

약점 + 위험

- 표정관리가 되지 않아 이탈고객이 발생할 수 있어 항상 미소를 잃지 않는 표정 유지
- 테크닉도 비슷한 경쟁업체가 많아 경쟁이 치열할 수 있으므로 신기술 연습하기

</td></tr>
</table>

해결방안

<table>
<tr><td>

- 시너지 효과로 인해 비용이 너무 많이 들므로 최대한 비용 절감
- 고객확보를 위해 새로운 아이디어를 계획하고 특별한 홍보를 많이 함

기회 + 위험

</td><td>

- 현란한 말솜씨로 재방문하게 함
- 새로운 아이디어와 많은 홍보를 하기 위해서는 철저한 준비가 필요
- 많은 일을 복합적으로 하는 것을 좋아하는 나에게 남들이 하지 않는 시너지 효과를 대체

강점 + 기회

</td></tr>
</table>

3) SWOT 분석 시 3가지 오류

① 기회와 위협 요소에 내부 환경을 포함하는 경우, 기회 / 위협은 우리가 통제할 수 없는 요소
와 통제를 할 수 있는 내부 환경을 포함해서는 안 된다.

② 4가지 요소에 가정적인 시나리오를 포함한 경우, IF… (…한다면)를 가지고서 이야기를 만
들지 말자.

③ 경쟁 우위적 요소가 아닌 능력을 강점에 포함한 경우, 회사가 잘하고 있는 점, 잘할 수 있는
점을 강점으로 보기는 힘들다.

SWOT 분석이 잘못된다면 엉뚱한 방향으로 자원이 집중되고 바람직하지 않은 결과를 가
져올 수 있다.

● 9. 경영자가 알아두어야 할 계수 관리

경영의 정확한 분석의 결과를 가져오기 위해서는 정확한 데이터의 입력이 매우 중요하다. 아
무리 수많은 통계를 활용하여 결과를 산출한다 하더라도 문제는 각 각의 영업 항목에 해당하는
정확한 입력과 하루하루의 매출과 매입 그리고 지출 등의 데이터를 입력하는 것이 중요할 것이
다. 즉, 일반적으로 영업장에서 마감 정산을 매일 매일 하는 것 같이 매일의 영업 정산은 정확한
수입과 지출 그리고 고객의 자료 등의 신뢰성을 가져오기 때문이다.

다음의 내용은 연합뉴스에서 한 경영 관리자가 말한 내용이다.

관리자는 경영 상태를 알아볼 수 있는 재무제표부터 이해하는 것이 매우 중요하다. 재무제표
는 대차대조표, 손익계산서, 이익 잉여금 처분 계산서 그리고 결손금 처리 계산서, 재무상태 변
동표이다. 재무제표를 하나로 통합하지 않고 4가지로 나누어서 작성하는 이유는 보고되는 내
용이 각기 다르기 때문이다. 창업자나 경영자라면 최소한 재무제표에 대한 상식은 알고 이해하
는 것이 중요하다. 법인형태로 운영되는 기업이 아닌 자영업 소점포라면 매일 작성하는 판매일
보와 손익분기점의 이해, 월차 손익계산 정도만 충실히 작성하고 분석하여도 충분할 것이다.

점포를 번성시키기 위해서는 점포운영 중에 발생하는 제반 비용 등을 정리 분석하여 점포운
영의 기본지침을 마련할 필요가 있다. 큰 회사에서 관련된 업무를 수행해 왔던 사람은 재무제표
등에 관한 기초상식을 숙지하였기 때문에 별문제가 없을 것이나 소점포 경영주라도 자기점포

의 손익분기점이나 월차 손익계산서 등의 기초적 수지 계산은 할 줄 알아야 한다. 자영업도 계수 관리를 철저히 해야 한다.

점포의 영업내용을 계수 적으로 파악하여 잘된 점과 잘못된 점을 철저히 분석하지 않으면 실패하기 쉽다. 경영자라면 당연히 상품의 판매 현황과 판매 내역을 분석하여 잘 팔리는 상품, 안 팔리는 상품 등의 계수 분석을 통하여 소비자의 기호에 맞는 상품을 구매하여 진열할 것이며 비정상적인 손실이 발생하는지 사전 또는 사후에 관리와 분석을 철저히 해야만 경쟁력을 갖출 수 있을 것이다.

"나는 세무사에게 기장의 일체를 맡겼기 때문에 걱정 없다는 식의 발상으로는 성공하기 어렵다." 모든 영업 활동에는 잘 되는 이유가 있다. 표면적으로는 그것을 알 수는 없지만, 그 이면에는 여러 가지의 매출 증대를 위한 관련의 활동들 서비스 개선, 상품 개발, 홍보와 마케팅 그리고 영업 활동의 분석들이 아닐까 생각한다.

1. SWOT 분석을 통한 환경 분석(주변 뷰티서비스 업체를 분석하여 작성하기)

S(강점)	W(약점)

O(기회)	T(위협)

2. SWOT 분석을 통한 전략수립

① SO 전략 : 공격전략

② ST 전략 : 리스크 회피전략

③ WO 전략 : 공격전략 및 포기전략

④ WT 전략 : 방어전략

2. 경영분석

보 기

총 자본금 2억 원

자기자본금 1억 원

점포 임대 보증금 1억 원

점포 임대료 300만 원

인테리어 및 집기 8,000만 원

인건비 : 디자이너 3명 각 180만 원, 스텝 3명 각 100만 원)

잡비 250만 원(잡비는 고객접대비와 직원 식대 등을 묶어 산정한다.)

재료비 15%(매출대비)

공과금 150만 원, 공과금은 전기, 수도, 관리비 등이며 매달 다르지만, 편의상 지정한다.

자기임금 300만 원, 시중금리(예금 4%, 대출 6.5%)

영업일수 30일 일일 매출 65만 원(천 원 미만 절삭)

위 내용을 읽고 아래 문제에 해답을 구하시오.

① 차입금을 설명하고 금액을 구하시오.

총 자본 - 자기자본 =　　　 / 시중금리(대출) / 12 ＝

② 감가상각비를 설명하고 금액을 구하시오.

인테리어 및 집기비용 / 60(사용 연한 5년) ＝

③ 기회비용을 설명하고 금액을 구하시오.

자기자본 / 시중금리(예금) / 12 ＝

④ 자기임금에 대해 설명하시오.

⑤ 고정비와 변동비 금액을 산출하시오.

⑥ 위 보기의 사업 소득을 구하시오.(계산 수식 필수 기재)

　　총 매출 - 고정비(항목별) - 변동비(항목별) =

⑦ 손익분기점을 설명하고 위 보기의 일일 손익분기점 금액을 구하시오.

　　(손익분기점은 사업하여 일으킨 매출에서 필요비용 등을 제외하고 남은 금액이 없을 때 즉 0 이 되는 기점을 말

　　한다.)

　　총 매출 - 고정비 - 변동비 =

⑧ 위 보기의 5년 후 총자산은 얼마가 되는지 구하시오.

⑨ 사업소득을 구하고 구한 것을 5년간 계산한다.

　　(이자계산 필수) + 감가상각비 적립금(이자) + 기회비용 적립금(이자) =　　+ 보증금

　　총 매출이 1,200,000원이고 디자이너 A : 40만 원, B : 50만 원, C : 30만 원일 때 각 디자이너의 고객 점

　　유 비율은 각각 얼마인지 구하시오.

⑩ 총 매출 1,000,000원이고 이중 커트 고객 10명, 펌 고객이 5명, 컬러 고객이 7명이라고 할 때 고객의

　　객 단가를 구하시오.

1. 손익계산서는 한 회계 기간에 발생한 비용항목과 수익항목을 기재하여 당해 기간의 순이익 또는 순손해를 표시한 재무제표이다.

2. 손익계산서의 기재방법에는 기업 본래의 기간경영에서 계속 발생하는 경상적 손익만을 기재하는 당기 업적주의와 1회계연도에 발생 및 발견된 비용·수익은 그 귀속시기를 묻지 아니하고 모두 귀속시키는 포괄주의가 회계 이론상 대립한다.

3. 손익계산서의 중점 체크 포인트는 총 매출에 대비하여 이익이 얼마나 되는지를 파악하여 향후 내, 외부적으로 조절 가능한 부분을 찾아내어 늘일 부분과 줄일 부분을 적절히 조절할 수 있다.

4. 이익체질형은 매출도 높고 그에 따른 이익도 많은 경우이다. 내부관리형은 상대적으로 매출은 적지만 내부적으로 비용의 효율적 배분 등을 통하여 매출 대비 이익을 극대화 시키는 점포이다. 방만 경영형을 보면 매출은 많은데 실제 이익은 현저히 적은 경우다. 만성적자형의 경우는 매출도 적고 이익도 적은 경우이다.

5. 손익분기점이란, 일정 기간의 매출액과 그 매출을 위해 소요된 모든 비용이 일치되는 점을 말하며 투입된 비용을 완전히 회수할 수 있는 매출액이 얼마인가를 나타내는 것이다.

6. 고정비란, 일정 기간 동안 영업 활동의(생산자는 조업도, 판매자는 매출액) 변동과 관계없이 항상 일정액으로 발생하는 원가로 고정 자산의 감가상각비나 경영자의 급여, 보험료, 제세공과 임차료 등이 이에 속한다.

7. 변동비란, 판매량(생산량)의 증감에 따라 변화되어 발생하는 비용을 말한다.

8. 감가상각비란, 어떠한 시설·기계(재화)를 사용함에 따라 가치가 하락하게 되는데 이를 매달 비용으로 보아 금액으로 환산하여 비용으로 처리하는 것이다.

9. 기회비용이란, 여러 선택 중에서 한 가지를 선택했을 때 포기한 대안 가운데 가장 좋은 한가지의 가치를 뜻한다.

10. SWOT 분석이란, 기업의 환경 분석을 통해 강점(Strength)과 약점(Weakness), 기회(Opportunity)와 위협(Threat) 요인을 규정하고 이를 토대로 전략을 수립하는 기법이다.

뷰티서비스
고객관리와
경영관리

2장

경영분석 기법의 활용

학습 개요

경영분석 기법의 활용은 일일매출관리를 통한 월매출관리와 직원별 매출관리, 고객의 증감현황을 통한 직원별 신규유입 대비 고정고객과 소개고객의 증감을 분석하여 영업개선방향을 설정하고 생산성과 효율성 분석기법을 통하여 직무능률과 내·외부 고객의 서비스 품질의 만족 향상에 도달할 수 있다. 그러므로 분석기법을 통한 매출관리, 분석기법을 통한 생산성 관리에 관하여 학습한다.

주요 용어

일일매출관리, 매출분석, 고객증감률 분석, 생산성 진단, 생산성 관리, 과학적 관리법(Scientific management), 호손 실험(Hawthorne experiment), S-PC 모델, 숙련도 분석

01 분석기법을 통한 매출 관리

1. 분석기법을 통한 일별, 월별, 직원별 매출관리와 고객 점유비율에 따른 분석과 관리를 할 수 있다.
2. 고객 유형별 증감과 고객 이탈 등을 분석하고 관리할 수 있다.

1. 수입과 지출 분석

　기업을 운영하면서 가장 중요한 것은 자금관리라고 하여도 과언은 아닐 것이다. 기업 활동을 하며 발생하는 매출에 관련된 분석, 그에 따른 영업활동으로 인하여 발생하는 비용, 재료비, 인건비의 효율성과 생산성 등을 정확하게 분석하고 관리하는 것이 기업의 성장에 매우 중요하다고 생각한다.

　일일매출관리는 수입과 지출의 흐름을 알고 영업의 방향과 마케팅 전략을 수립하는 데 있어 가장 기본이 된다.

일일매출분석의 예

총매출이 ₩100,000원, 시술 서비스 매출이 ₩70,000원이며, 리테일 매출은 ₩20,000원, 직원 제품사용은 ₩10,000원, 현금매출은 시술 서비스 ₩50,000원, 리테일 매출은 ₩15,000원, 나머지 금액은 카드 매출이며, 직원 제품사용은 현금수입이며, 지출금액은 택배비 ₩2,000원, 재료비 ₩30,000원, 제세공과금 ₩15,000원, 직원 급여 ₩30,000원, 직원 회식비 ₩8,000원이다.
총 매출과 현금잔액 그리고 부가가치세는 얼마인지 구하시오?

1. 시술 총매출 + 점판(리테일) = 총 매출액(1 + 2 + 4 = 3)

2. 시술 카드매출 + 점판(리테일) 카드 매출 = 총 카드매출액(1 - 2 + 2 - 2)

3. 지출금액(5)

4. 현금 잔액 = 총수입금액 - 총 카드매출 - 현금 지출 = 현금 잔액(3 -(1 - 2 + 2 - 2 + 5))

5. 부가가치세(VAT)는 얼마인지 구하시오?

1. 수입 지출 현황 분석						
구분	A 디자이너	B 디자이너	C 디자이너	D 디자이너	E 디자이너	합계
시술 매출	현금					1 - 1
	카드					1 - 2
	소계					1
점판 매출	현금					2 - 1
	카드					2 - 1
	소계					2
합계						1 + 2 = 3

<table>
<tr><td colspan="8" align="center">2. 수입 현황 - 리테일 매출(직원 사용)</td></tr>
<tr><td>제품명</td><td>리테일 매출</td><td>제품명</td><td>리테일 매출</td><td>제품명</td><td>사용 제품 액</td><td>제품명</td><td>사용 제품 액</td></tr>
<tr><td>1</td><td></td><td>7</td><td></td><td>1</td><td></td><td>7</td><td></td></tr>
<tr><td>2</td><td></td><td>8</td><td></td><td>2</td><td></td><td>8</td><td></td></tr>
<tr><td>3</td><td></td><td>9</td><td></td><td>3</td><td></td><td>9</td><td></td></tr>
<tr><td>4</td><td></td><td>10</td><td></td><td>4</td><td></td><td>10</td><td></td></tr>
<tr><td>5</td><td></td><td>11</td><td></td><td>5</td><td></td><td>11</td><td></td></tr>
<tr><td>6</td><td></td><td>합계</td><td></td><td>6</td><td></td><td>합계</td><td>4</td></tr>
</table>

<table>
<tr><td colspan="4" align="center">3. 지출현황</td></tr>
<tr><td>적요</td><td>지출 금액</td><td>적요</td><td>지출 금액</td></tr>
<tr><td>1</td><td></td><td>7</td><td></td></tr>
<tr><td>2</td><td></td><td>8</td><td></td></tr>
<tr><td>3</td><td></td><td>9</td><td></td></tr>
<tr><td>4</td><td></td><td>10</td><td></td></tr>
<tr><td>5</td><td></td><td>11</td><td></td></tr>
<tr><td>6</td><td></td><td>합계</td><td>5</td></tr>
</table>

<table>
<tr><td colspan="4" align="center">4. 수익 · 지출현황</td></tr>
<tr><td>총수입금액 : ₩</td><td>카드매출금액 : ₩</td><td>지출금액 : ₩</td><td>현금잔액 : ₩</td></tr>
</table>

2. 직원별 매출분석

매출에서는 앞으로 매출의 증감 정도를 예측, 문제를 분석하는 것이 매우 중요한 부분이라고 생각하여야 한다. 매출실적과 매출품목별, 고객 수별 분석을 통한 직원의 문제에 원인을 파악하여 개선하는 데 목적이 있다.

구분	A 디자이너		B 디자이너		합계	
	고객 수	매출액	고객 수	매출액	고객 수	매출액
컷트	5명	2,500	5명	2,500		
드라이	3명	900				
염색	4명	12,000	3명	9,000		
매니큐어	2명	6,000				
일반펌	3명	4,500				
셋팅펌	1명	2,000	2명	6,000		
디지털펌	2명	6,000	2명	6,000		
매직S/T	1명	3,000				
일반S/T	2명	3,000				
모발케어	1명	2,000	2명	4,000		
두피케어	2명	6,000				
합계	20명	32,900	20명	42,500		

문l제l1

① 서비스 매출품목별 점유비율을 분석하시오?

② 직원별 매출 점유비율을 분석하시오?

① 서비스 매출품목별 점유비율의 분석

- 커트 : 커트 매출액 5,000 / 총 매출액 75,400 = 6.6%.
- 드라이 : 드라이 매출액 900 / 총 매출액 75,400 = 1.1%
- 염색 : 염색 매출액 21,000 / 총 매출액 75,400 = 27.8%.
- 매니큐어 : 매니큐어 매출액 6,000 / 75,400 = 7.9%
- 일반펌 : 펌 매출액 4,500 / 총 매출액 75,400 = 5.9%.
- 셋팅펌 : 셋팅펌 매출액8,000 / 총 매출액 75,400 = 10.6%
- 디지털펌 : 디지털펌 매출액 12,000 / 총 매출액 75,400 = 15.9%.
- 매직S/T : 매직S/T 매출액 3,000 / 총 매출액 75,400 = 3.9%
- 일반S/T : 일반S/T 매출액 3,000 / 75,400 = 3.9%.
- 모발케어 : 매출액 6,000 / 총 매출액 75,400 = 7.9%
- 두피케어 : 매출액 6,000 / 총 매출액 75,400 = 7.9%

② 직원별 매출 점유비율의 분석

- A 디자이너의 매출 점유비율 : 디자이너 총 매출액 32,900 / 매장 총 매출 75,400 = 43.6%
- B 디자이너의 매출 점유비율 : 디자이너 총 매출액 42,500 / 매장 총 매출 75,400 = 56.4%

3. 직원별 고객증감률 분석

신규에서 고정고객으로 고정고객에서 충성고객 즉, 소개고객을 많이 만들어 주는 충성고객으로 만들어가는 것이 헤어살롱을 경영하는 상황에서 매우 중요할 것이다. 고정고객 수가 증가하고 휴먼고객 수가 감소하는 것은 고객만족과 직결하기 때문일 것이다.

구분	A 디자이너	B 디자이너	C 디자이너	D 디자이너	E 디자이너	합계
	고객 수	고객 수	고객 수	고객 수	고객 수	고객 수
신규 고객	5명	8명	0명	4명	30명	47명
고정 고객	25명	18명	30명	20명	13명	106명
유동 고객	4명	8명	4명	7명	7명	30명
소개 고객	12명	3명	26명	10명	2명	53명
합계	46명	37명	60명	41명	52명	236명

P&3 헤어살롱의 현재 고객흐름도이다. 위의 자료를 보고 전체고객 대비 신규, 고정, 유동, 소개고객 비율을 분석하고, 각각 디자이너의 고객 유형별 점유비율을 구하고 신규, 고정, 유동, 소개 고객의 최고치에 해당되는 디자이너를 찾고, 최고치와 최저치에 대한 이유를 분석하시오?

① 매장의 총 고객 수 대비 고객유형별 점유비율을 분석

② 매장의 총 고객 수 대비 디자이너별 점유비율을 분석

③ 매장의 총 고객 수 대비 A 디자이너의 고객유형별 점유비율을 분석

④ 매장의 총 고객 수 대비 B 디자이너의 고객유형별 점유비율을 분석

⑤ 매장의 총 고객 수 대비 C 디자이너의 고객유형별 점유비율을 분석

⑥ 매장의 총 고객 수 대비 D 디자이너의 고객유형별 점유비율을 분석

⑦ 매장의 총 고객 수 대비 E 디자이너의 고객유형별 점유비율을 분석

① 매장의 총 고객 수 대비 고객유형별 점유비율을 분석

신규고객 점유비율 : 신규고객 수 47명 / 총 고객 수 236명 = 19.9%

고정고객 점유비율 : 고정고객 수 106명 / 총 고객 수 236명 = 44.9%

유동고객 점유비율 : 유동고객 수 30명 / 총 고객 수 236명 = 12.7%

소개고객 점유비율 : 소개고객 수 53명 / 총 고객 수 236명 = 22.5%

② 매장의 총 고객 수 대비 디자이너별 점유비율을 분석

A 디자이너 고객 점유비율 : 고객 수 46명 / 총 고객 수 236명 = 19.5%

B 디자이너 고객 점유비율 : 고객 수 37명 / 총 고객 수 236명 = 15.7%

C 디자이너 고객 점유비율 : 고객 수 60명 / 총 고객 수 236명 = 25.4%

D 디자이너 고객 점유비율 : 고객 수 41명 / 총 고객 수 236명 = 17.4%

E 디자이너 고객 점유비율 : 고객 수 52명 / 총 고객 수 236명 = 22%

③ 매장의 총 고객 수 대비 A 디자이너의 고객유형별 점유비율을 분석

	고객 점유비율
신규고객 점유비율 : 신규고객 수 5명 / 총 고객 수 236명 = 2.1%	
고정고객 점유비율 : 고정고객 수 25명 / 총 고객 수 236명 = 10.6%	19.5%
유동고객 점유비율 : 유동고객 수 4명 / 총 고객 수 236명 = 1.7%	
소개고객 점유비율 : 소개고객 수 12명 / 총 고객 수 236명 = 5.1%	

④ 매장의 총 고객 수 대비 B 디자이너의 고객유형별 점유비율을 분석

	고객 점유비율
신규고객 점유비율 : 신규고객 수 8명 / 총 고객 수 236명 = 3.4%	
고정고객 점유비율 : 고정고객 수 18명 / 총 고객 수 236명 = 7.6%	15.7%
유동고객 점유비율 : 유동고객 수 8명 / 총 고객 수 236명 = 3.4%	
소개고객 점유비율 : 소개고객 수 3명 / 총 고객 수 236명 = 1.3%	

⑤ 매장의 총 고객 수 대비 C 디자이너의 고객유형별 점유비율을 분석

	고객 점유비율
신규고객 점유비율 : 신규고객 수 0명 / 총 고객 수 236명 = 0%	
고정고객 점유비율 : 고정고객 수 30명 / 총 고객 수 236명 = 12.7%	25.4%
유동고객 점유비율 : 유동고객 수 4명 / 총 고객 수 236명 = 1.7%	
소개고객 점유비율 : 소개고객 수 26명 / 총 고객 수 236명 = 11%	

⑥ 매장의 총 고객 수 대비 D 디자이너의 고객유형별 점유비율을 분석

	고객 점유비율
신규고객 점유비율 : 신규고객 수 4명 / 총 고객 수 236명 = 1.7%	
고정고객 점유비율 : 고정고객 수 20명 / 총 고객 수 236명 = 8.5%	17.4
유동고객 점유비율 : 유동고객 수 7명 / 총 고객 수 236명 = 3%	
소개고객 점유비율 : 소개고객 수 10명 / 총 고객 수 236명 = 4.2%	

⑦ 매장의 총 고객 수 대비 E 디자이너의 고객유형별 점유비율을 분석

	고객 점유비율
신규고객 점유비율 : 신규고객 수 30명 / 총 고객 수 236명 = 12.7%	
고정고객 점유비율 : 고정고객 수 13명 / 총 고객 수 236명 = 5.5%	22%
유동고객 점유비율 : 유동고객 수 7명 / 총 고객 수 236명 = 3%	
소개고객 점유비율 : 소개고객 수 2명 / 총 고객 수 236명 = 0.8%	

02 분석기법을 통한 생산성 관리

1. 생산성 진단을 통하여 효율성, 직원 근무환경 개선, 직무교육, 작업 숙련도 등에 적용할 수 있다.
2. 매출원가 분석의 개념을 이해하고 매출대비 재료비 원가산정을 할 수 있다.
3. 내부고객의 만족을 위한 마케팅 전략을 수립하고 직원의 불만사항을 파악하여 대처할 수 있다.

1. 생산성 진단 분석

뷰티서비스업의 생상성과 효율성을 높여 보다 많은 고객에게 양과 질 좋은 서비스를 제공하여 가성비를 높여야 한다. 이는 헤어살롱으로 방문한 고객에게 서비스를 제공하지 못하거나, 필요 이상으로 많은 직원으로 매출이익에 영향을 미칠 수 있기 때문이다.

생산성 진단 분석의 방법	
직원 1인 생산성	매출액 / 직원 수 = 월평균 직원 1인당 생산성(원)
평균 객 단가	매출액 / 총 객수 = 월평균 객 단가(원)
직원 1인당 처리객수	총 객수 / 직원 수 = 월평균 1인당 고객 처리객수(인)
1인당 1시간 생산성	매출액 / 영업시간 = 월평균 1인 시간당 생산성(원)
좌석당 시술 매출액	매출액 / 좌석 수 = 월평균 좌석당 매출액(원)
노동 생산성	매출이익 / 직원 수 = 월평균 1인당 생산성(원)
매출대비 사용제품 효율성	사용 제품 액 / 매출액 = 매출대비 사용제품 효율성(%)
매출대비 운영비 효율성	운영비용 / 매출액 = 매출대비 운영비 효율성(%)
매출대비 인건비 효율성	인건비 / 매출액 = 매출대비 인건비 효율성(%)
매출대비 재료비 효율성	재료비 / 매출액 = 매출대비 재료비 효율성(%)

P&3 헤어살롱의 수입과 지출 그리고 운영된 현황이다. 살롱의 총 직원 수는 3명이며, 경대는 3개이다. A 디자이너의 급여는 ₩8,000원, B 디자이너의 급여는 ₩6,000원, C 직원의 급여 ₩5,000원이며, 살롱의 월임차료 ₩10,000원, 제세공과금은 ₩5,000원, 기타 잡비 ₩4,000원, 재료비는 8,750원, 월평균 근무시간은 72시간이다. P&3 헤어살롱의 경영분석을 하시오?

구분	A 디자이너		B 디자이너		합계	
	고객 수	매출액	고객 수	매출액	고객 수	매출액
커트	5명	2,500	5명	2,500	10명	5,000
드라이	3명	900			3명	900
염색	4명	12,000	3명	9,000	7명	21,000
매니큐어			2명	6,000	2명	6,000
일반펌	3명	4,500			3명	4,500
셋팅펌	1명	2,000	2명	6,000	3명	8,000
디지털펌	2명	6,000	2명	6,000	3명	12,000
매직S/T	1명	3,000			4명	3,000
일반S/T			2명	3,000	1명	3,000
모발케어	1명	2,000	2명	4,000	2명	6,000
두피케어			2명	6,000	3명	6,000
소계	2명	32,900	20명	42,500	40명	75,000

위 예시를 보고 아래 문항들의 해답을 구하시오.(각 문항에 계산수식을 함께 쓰시오.)

① 고정비

② 변동비

③ 직원 1인 생산성

④ 평균 객 단가

⑤ 직원 1인당 처리객수

⑥ 1인당 1시간 생산성

⑦ 좌석당 시술 매출액

⑧ 매출대비 사용제품 효율성

⑨ 매출대비 운영비 효율성

⑩ 매출대비 인건비 효율성

⑪ 매출대비 재료비 효율성

뷰티서비스업의 경우 헤어살롱에서 작업을 하는 데 있어 숙련도라는 것은 매우 중요한 것이다. 숙련도는 기술적으로 얼마나 완성도를 높여 고객에게 서비스를 제공하였는가의 결과이자 고객의 만족과 연관이 있기 때문이다.

1) 과학적 관리법(Scientific management)

테일러 시스템(Taylor system)이라고도 한다. 작업과정의 능률을 최고로 높이기 위하여 시간연구와 동작연구를 기초로 노동의 표준량을 정하고, 임금을 작업량에 따라 지급하는 등, 여러 가지로 합리적인 방법을 연구한다. 이러한 과학적 관리법은 미국의 F. W. 테일러에 의하여 처음으로 제창되었다.

테일러에 의한 과학적 관리법은 근로자의 노동력에 의존하던 작업관리를 경영자의 과학적인 과업설정이라는 계획적 관리로 전환해서 노동생산성을 높이고 조직적 태업을 방지하며, 임금 문제해결을 위하여 과학적 객관적인 표준작업량을 설정하여 고효율과 저 노무비의 결과를 만들게 되었다.

테일러는 생산성 향상을 할 수 있는 기준으로서 과업제도를 구상하였고 과업제도는 하루의 작업량을 설정, 작업표준을 결정하는데 기준이 되었다. 그리고 성과급 제도를 도입하여 과업을 달성 할 수 있게 통제를 할 수 있었다.

과학적 관리법의 방법은 노동생산성 향상에 따라 근로자는 고임금을 받게 되는 동시에 기업주는 일정 금액에 대한 생산량 증가에 따른 저 노무비의 혜택을 받게 되는 것이다. 테일러의 과학적 관리법은 이를 발전시킨 H. L. 간트, H. B. 에머슨, 길브레스 부처 등에 의하여 과업의 과학적 설정에 필요한 동작연구, 시간과 동작을 결합한 작업연구, 표준원가에 의한 통제기능의 강화 등 많은 발전이 이루어지게 되었고 작업자의 노동력을 기계화하여 노동생산성을 높이는 데 지대한 공헌을 이루게 되었다. 그러나 과학적 관리법에 대하여 여러 가지 비판이 나오고 있다. 그 비판들의 중심 내용은 경영 철학이다.

테일러는 노사 간의 문제를 기업 내부의 문제만 해결하면 된다고 보았다는 것과 인간적 측면을 무시하였다는 점이다. 즉, 작업자의 노동력을 기계화하여 노동생산성을 높이는데 치중하였다는 것이다. 인간의 심리적, 생리적, 환경적 측면에 대하여 고려를 하지 않았다는 점이다.

과학적 관리법은 생산성 측면에서의 연구라면 반대로 인간관계와 작업자의 감정, 환경에 의한 관리 이론이 등장하게 되었다

2) 호손 실험(Hawthorne experiment)

G. E. 메이요 교수는 호손전기 회사 공장에서 일하는 근로자를 대상으로 하여 작업 능률 향상에 관한 연구를 하였는데 이것을 호손 실험이라 한다. 그의 연구 결과 작업능률을 향상하게 하는 요인들은 작업환경과 임금뿐만이 아니라 작업자의 인간관계임을 확인하게 되었다. 호손 실험을 계기로 인간관계에 대한 연구가 이루어지게 되었고, 그 후 인간관계론으로 발전 최근에 와서는 인간 행동을 종합적 사고로 연구하는 행동과학으로 발전하고 있다.

이 실험은 조명실험, 조립작업 실험, 면접실험 등으로 연구하였고, 레슬리스버거(F. Rethlisberger) 등이 발표한 것에서도 생산성을 좌우하는 것은 작업시간, 조명, 임금과 같은 과학적 관리법에서 중시한 것이 아니고, 근로자가 자신이 속하는 집단에 대해서 갖는 감정, 태도, 심리조건, 사람과 사람과의 관계 즉 비공식적인 작용이므로 노동 생산성을 향상하기 위해서는 인적 환경을 개선하는 것이 필요하다는 것이다. 그러므로 숙련도라는 것의 이면에는 사람에 의해 서비스가 제공되는 것이므로 작업자의 컨디션과 감정상태, 작업장의 환경 등 후생요인이 중요하다는 것을 생각해야 할 것이다. 그 외에도 직원의 직무만족도가 고객서비스에 상당한 영향을 미치게 된다.

3) S-PC 모델

S-PC(Service-Profit Chain) 모델은 내부고객과 외부고객의 만족, 그리고 기업의 성장과 수익의 관계를 명확하게 설명하는 모델이다. 영업활동의 내부품질이 직원만족도에 영향을 주며, 직원만족은 직원 충성도에 영향을 미치고, 직원 충성도는 다시 고객에게 전달되어 서비스 만족에 영향을 미치고, 고객 만족은 고객의 충성도에 영향을 미치므로 기업에 수익에 영향을 준다는 의미이다(James. L. Heskett, 1994).

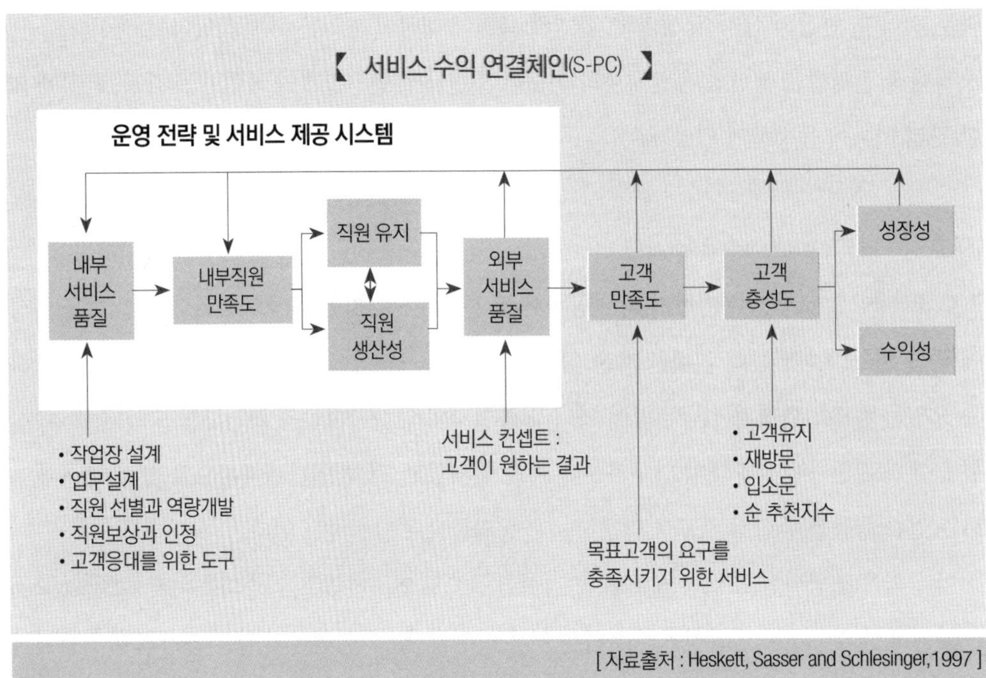

기업의 경영자는 1차 고객(내부 고객)인 직원을 만족하게 하기 위한 내부 마케팅, 즉 작업장의 환경과 의사결정, 경력개발, 보상 등을 적합한 수단을 통하여 직원의 서비스가 원활히 제공될 수 있게 지원돼야 할 것이다. 그렇게 만족한 1차 고객은 2차 고객(외부 고객)을 충분히 만족하게 할 수 있는 마음가짐을 갖출 수 있을 것이다. 방문하는 모든 고객을 경영자 또는 관리자가 맞는 것은 분명 아닐 것이다. 고객을 직접 대면하는 것은 직원들이다. 자기직무에 만족하는 직원이 고객을 만족하게 할 가능성이 높은 것이다. 이것이 나아가 고객의 증가로 이어지게 되고 매출향상이 이루어지게 되는 것이다.

1. 일에 대한 만족

• 지금 하는 일이 자신을 성장시켜 주는가?
• 자유재량의 폭이 넓은가?
• 고객이나 타 부서의 사람에게 공헌하고 있는가?

2. 직장에 대한 만족

- 상사와의 커뮤니케이션은 잘 이루어지고 있는가?
- 동료들과의 커뮤니케이션은 잘 되는가?
- 결정된 일은 모두 수행하려는 결속력이 있나?

3. 인사에 대한 만족

- 인사평가와 처우는 공정하다고 생각하는가?
- 실패를 비난하지 않고 재도전하게 해주는가?
- 개인의 성장을 지원해 주는가?

4. 근로조건에 대한 만족

- 복리후생은 충실하게 되어 있는가?
- 소득수준은 일에 비행 합당한가?
- 근무조건은 납득할 만한가?

5. 회사에 대한 만족

- 경영방식에 공감할 수 있는가?
- 이 회사에 다니는 데 자부심을 가지고 있는가?
- 지역사회에 공헌 등 좋은 이미지를 가지고 있는가?

[서비스마케팅, 이유재, 2008]

4) 서비스 품목별 숙련도 분석

숙련도 측정에서 가장 중요한 것은 측정 구간을 어디서 어디까지 측정을 하여 산출할 것인지가 중요하다. 즉, 시술을 다 한 시점으로 할 것인지 스타일의 마무리를 다 한 시점으로, 혹은 고객의 배웅까지의 시점인지를 설정하여 각 직원별 평균 시술 시간을 산출 후 평균시간의 총합에 총 직원 수로 나누어 평균시간을 산출한다.

(1) 품목별 산출

커트(medium)의 고객서비스 준비에서 스타일 마무리까지의 시간을 기준으로 선출한다고 가정하여 5명의 디자이너에게 같은 스타일과 작업조건을 주고 측정한다. 이때 평가자는 작업시간과 작업과정의 숙련도, 결과물의 완성도를 평가한다.

① A 디자이너 - 20분　　② B 디자이너 - 25분　　③ C 디자이너 - 15분

④ D 디자이너 - 30분　　⑤ E 디자이너 - 25분

시술 총 시간 - 115분 / 5명 = 23분의 평균 시술 시간이 산출, 직원 중 평균시간의 이상은 A와 C 직원이 해당, 나머지 직원은 숙련도에서 떨어지므로 작업숙련도 향상을 위한 교육이 필요로 한다.

3. 매출원가 분석을 통한 생산성관리

매출원가에는 고정비, 변동비, 노무비, 재료비 등 다양한 것이 포함되나, 매출대비 재료비가 차지하는 비율을 통하여 적정하게 재료를 사용하고 제공되는가에 관하여 분석을 하고자 한다. 재료의 낭비는 매출이익에 직접적인 영향을 주고, 적게 사용하는 경우는 제공되는 결과물에 영향을 미치기 때문이다.

문 | 제 | 1

고객의 시술은 염색을 시술 사용의 양은 염모제 60g 사용, 매출 금액은 ₩50,000원을 받았다.
염모제의 단가는 50g 기준 ₩6,600이며 매출원가와 재료비 비율을 산출하라?

고객의 시술은 염색을 시술 사용의 양은 매직펌 90g 사용, 매출 금액은 ₩70,000원의 서비스를 ₩55,000원을 받았다. 펌 제의 단가는 200g 기준 ₩8,000이며 매출원가와 재료비 비율, 할인율을 산출하라.

문|제|풀|이

① ₩6,600 / 50g = 1g당 ₩132원, 사용량 60g×₩132원 = ₩7,920원, 매출원가는 총 매출금액 − 매출원가, ₩50,000 − ₩7,920 = ₩42,080, 재료비 비율은 재료비 / 매출 금액, ₩7,920 / ₩50,000 = 0.1584(약 16%)를 차지한다.

② ₩8,000 / 200g = 1g당 ₩40원, 사용량 90g×₩40원 = ₩3,600원, 매출원가는 총 매출금액 − 매출원가, ₩55,000 − ₩3,600 = ₩51,400, 재료비 비율은 재료비 / 매출 금액, ₩3,600 / ₩55,000 = 0.065(약 6.5%)를 차지한다. 할인율은 실 매출액 / 원 매출 금액, ₩55,000 / ₩70,000 = ₩0.7857(약 21.4%)의 할인율을 차지한다.

1. 경영분석과 생산성 분석

1) 소득 금액 산출 문제

• 총 자본금 2억 5천만 원 • 자기자본금 1억 8천만 원 • 점포 임대 보증금 1억 2천만 원 • 점포 임대료 300만 원 • 인테리어 및 집기 1억 1천만 원 • 시술 좌석 수 6대 • 잡비 230만 원	• 재료비 15% • 공과금 130만 원, 공과금은 전기, 수도, 관리비 등이며 매달 다르지만, 편의상 지정한다. • 자기임금 300만 원 • 시중금리 : 예금 3.8%, 대출 5.8%, 영업이익율은 40%이다. • 영업일수 30일, 영업시간 10시간, 일일 매출 88만 원(소수점 미만 절삭)

1) A 살롱의 매출 현황		1월			2월		
구분		A	B	C	A	B	C
시술매출	매출	860만 원	750만 원	700만 원	850만 원	770만 원	730만 원
	고객 수	170	165	160	150	160	165
시술 객 단가							
점판매출	매출	120만 원	130만 원	80만 원	100만 원	110만 원	120만 원
	고객 수	130	145	135	140	145	135
점판 객 단가							
직원별 총매출							
총매출							

2) 디자이너별 고객 현황	1월 총 고객 수			2월 총 고객 수		
구분	A	B	C	A	B	C
신규 고객	105	90	60	75	45	105
고정 고객	150	195	165	150	195	150
유동 고객	30	30	15	30	30	15
소개 고객	15	15	45	15	15	30
합계						

3) 구분	A 디자이너	A 스텝	B 디자이너	B 스텝	C 디자이너	C 스텝
직원 급여	200만 원	100만 원	180만 원	90만 원	170만 원	90만 원

4) 구분 (단위 만 원)		커트		염색		메니큐어		일반펌		셋팅펌		디지털펌		매직S/T	
		매출	고객수	매출	고객수	매출	고객수	매출	고객수	매출	고객수	매출	고객수	매출	고객수
A 살롱	1월	793	793	450	100	336	84	385	110	300	60	180	72	196	28
	2월	826	826	432	96	408	102	315	90	375	75	170	34	154	22

5) 구분	커트	염색	메니큐어	일반펌	셋팅펌	디지털펌	매직S/T
재료비		50g	100g	100g	100g	100g	100g
		₩6,000	₩6,000	₩4,000	₩5,000	₩5,000	₩7,000
시술가격	₩10,000	₩45,000	₩40,000	₩35,000	₩50,000	₩50,000	₩70,000

6) 구분	a제품		b제품		c제품		d제품		e제품		f제품	
판매가 / 입고가	10,000	6,000	12,000	7,000	14,000	8,500	10,000	6,000	12,000	6,000	13,000	7,500

7) 구분	컴플레인고객 수													
	커트		염색		메니큐어		일반펌		셋팅펌		디지털펌		매직S/T	
	상담	시술	상담	시술	상담	시술	상담	시술	상담	시술	상담	시술	상담	시술
A 디자이너	2	1	1	3	2	1	2	6	3	5	2	7	2	5
B 디자이너	1	1	2	5	2	5	3	4	2	5	1	5	3	6
C 디자이너	2	1	2	2	1	3	3	7	1	6	2	4	2	8

위 예시를 보고 아래 문항들의 해답을 구하시오. (각 문항에 계산수식을 함께 쓰시오)

(1) 고정비 항목을 모두 쓰시오.

(2) 변동비 항목을 모두 쓰시오.

(3) 차입금을 구하시오.

(4) 금융비를 구하시오.

(5) 감가상각비를 구하시오.

(6) 기회비용을 구하시오.

(7) 사업소득 금액을 구하라.

(8) 손익분기점을 구하라.

(9) 5년 후 총 자산을 구하라.

2) 1월의 매출을 기준으로 계산하시오.

(1) 직원 1인당 생산성을 구하시오.

(2) 평균 객 단가를 구하시오.

(3) 직원 1인당 처리 객수를 구하시오.

(4) 1인당 1시간당 생산성을 구하시오.

(5) 좌석당 시술매출액을 구하시오(좌석 수 6개).

(6) 노동 생산성을 구하시오.

(7) 매출 대비 운영비의 효율성을 구하시오.

(8) 매출대비 인건비 효율성을 구하시오.

(9) 매출 대비 재료비 효율성을 구하시오.

문│제│풀│이

1)

(1) 고정비 항목을 모두 쓰시오.

임대료, 인건비, 자기임금, 금융비, 감가상각비, 기회비용

(2) 변동비 항목을 모두 쓰시오.

재료비, 공과금, 잡비

(3) 차입금을 구하시오.

총 자본 − 자기 자본금 =

250,000,000 − 80,000,000 = 70,000,000

(4) 금융비를 구하시오.

차입금 × 대출금리 / 12 =

70,000,000 × 5.8% / 12 = 338,333

(5) 감가상각비를 구하시오

인테리어비용 / 5년(60개월)

110,000,000 / 60 = 1,833,333

(6) 기회비용을 구하시오.

자기자본 × 예금금리 / 1 =

180,000,000 × 3.8% / 12 = 570,000

(7) 사업소득금액을 구하라.

일일 매출 880,000원에 영업일수 30일을 곱하여 총 매출을 구한다.

80,000 × 0 = 26,400,000

다음으로 비용을 계산한다.

비용은 고정비와 변동비로 나뉘는데 고정비는 영업 시 고객의 수가 많고 적음에 상관없이 고정적으로 지출되어야 하는 것을 말한다. 임대료와 인건비, 차입금이 있다면 그에 따른 금융비가 여기에 속한다.

변동비는 고객 수에 비례하여 많아지거나 적어질 수 있는 것을 말한다. 재료비와 공과금, 잡비는 여기에 속한다.

고정비 − 인건비 8,300,000 임대료 3,000,000 금융비 70,000,000 × 0.8% ÷ 12 = 338,333, 감가상각비 110,000,000 / 60 = 1,833,333, 자기임금 3,000,000, 기회비용 180,000,000 × 3.8% / 12 = 570,000

변동비 − 재료비(26,400,000 - 5% = 3,960,000), 잡비 2,300,000 공과금 1,300,000, 위와 같이 각각 구한 금액을 총 매출에서 모두 공제해 주고 남은 금액이 사업소득이 된다.

880,000 × 30 = 26,400,000 − 고정비 합계 17,041,666 − 변동비 합계 7,560,000 = 1,798,334

(8) 손익분기점을 구하라.

총 매출에서 각종 비용과 공제 대상 등을 빼고 남는 것이 0일 때 이익도 없고 손해도 없는 지점을 손익분기점이라 한다. 26,400,000 − 798,334 = 24,601,666

(9) 5년 후 총자산을 구하라.

사업소득을 구하고 구한 것을 5년간 계산한다. [이자계산필수, 사업소득은 제외] + 감가상각비 적립금(이자) + 기회비용 적립금(이자) =   + 보증금

1,798,334 × 60 = 107,900,040

1,833,333 × 60 = 109,999,980 + 20,899,996(예금이자 5년) = 130,899,976

570,000 × 60 = 34,200,000 + 6,498,000(예금이자 5년) = 40,698,000

보증금 120,000,000

5년 후 총자산 107,900,040 + 130,899,976 + 40,698,000 + 120,000,000 = 399,498,016

1월의 매출을 기준으로 계산하시오.

2)

(1) 직원 1인당 생산성을 구하시오.

26,400,000 / 6 = 4,400,000

(2) 평균 객 단가를 구하시오.

26,400,000 / 905 = 29,171

(3) 직원 1인당 처리 객수를 구하시오.

905 / 6 = 150

(4) 1인당 1시간당 생산성을 구하시오.

26,400,000 / 300 = 88,000

(5) 좌석당 시술매출액을 구하시오(좌석 수 6개).

26,40,000 / 6 = 4,400,000

(6) 노동 생산성을 구하시오.

10,560,000 / 6 = 1,760,000

(7) 매출 대비 운영비의 효율성을 구하시오.

24,601,666 / 26,400,000 = 0.931, 93%

(8) 매출대비 인건비 효율성을 구하시오.

8,300,000 / 26,400,00 = 0.314, 약 35%

(9) 매출 대비 재료비 효율성을 구하시오.

3,960,000 / 26,400,000 = 0.15, 15%

2. EXCEL을 활용한 경영분석 방법(1의 문제를 엑셀에 작성하여 분석하기)

엑셀수식연산을 활용한 경영분석

1. = SUM(B2:D2) : B2~ D2까지의 합을 구하는 함수.
2. = COUNTA(A2:A14) : A2~ A14까지의 전체 수를 세는 함수.
3. = COUNTIF($B$2:$B$21:B23) : B2~ B21까지 기준에 해당하는 수를 세는 함수
4. = RANK(E2,$E$2:$E$14) : E2~ E14에 절댓값을 지정하여 순위를 매기는 함수
5. $$: 절댓값을 지정하여
6. = IF(AND(B5> = 400,C5> = 20,D5> = 5),"심각","조금 심각") : B5> = 400,C5> = 20,D5> = 5 해당하는 항목이 지정하는 조건에 충족되면 심각, 충족되지 않으면 조금 심각을 계산하게 하는 함수.
7. = AVERAGE(B1:B7) : B1에서부터 B7까지 전체의 평균을 구하는 함수.
9. = MAX(B1:B7) : B1에서부터 B7까지 최댓값을 구하는 함수.
10. = MIN(B1:B7) : B1에서부터 B7까지 최솟값을 구하는 함수.

출원번호	상태	공개일자	left, mid, right 함수			data 함수
1020040079507	등록	20060411	2006	04	11	2006-04-11
1020080054472	거절	20091216	2009	12	16	2009-12-16
1020130047459	공개	20141107	2014	11	07	2014-11-07
1020130102851	공개	20150310	2015	03	10	2015-03-10
1020060094678	소멸	20130109	2013	01	09	2013-01-09
1020130109324	등록	20070827	2007	08	27	2007-08-27
1020090024173	등록	20100929	2010	09	29	2010-09-29
1020120042796	등록	20070827	2007	08	27	2007-08-27
1020120149165	등록	20141105	2014	11	05	2014-11-05
1020110064129	등록	20130109	2013	01	09	2013-01-09
1020100129169	등록	20120626	2012	06	26	2012-06-26
1020110029313	등록	20130109	2013	01	09	2013-01-09
1020060104632	등록	20130109	2013	01	09	2013-01-09
1020060104633	등록	20060419	2006	04	19	2006-04-19
1020120095856	등록	20140310	2014	03	10	2014-03-10
1020060021312	등록	20060419	2006	04	19	2006-04-19
1020120071832	거절	20140113	2014	01	13	2014-01-13
1020040082606	소멸	20060419	2006	04	19	2006-04-19
1020070010941	등록	20080806	2008	08	06	2008-08-06
1020130046798	거절	20141105	2014	11	05	2014-11-05
= SUM, = COUNTA, = COUNTIF 함수를 통한 엑셀활용 실무						

countif 함수	등록	13	countif 함수	2006	4
등록과 거절, 취하, 소멸의 합을 구하시오	공개	2	등록 연도별 합계를 구하시오	2007	2
	소멸	2		2008	1
	취하	0		2009	1
	거절	3		2010	1
				2011	0
				2012	1
				2013	4
				2014	5
				총합계	19

이름	국어	영어	수학	합계	평균	순위	등급	합격여부	80점 이상 합격	
김갑동	85	96	74	255	85	4	B	합격	90점 이상	A
장우성	96	78	99	273	91	3	A	합격	90점 ~ 80점	B
정봉휘	100	99	98	297	99	1	A	합격	70점	C
정연희	98	99	89	286	95.333	2	A	합격	60점	D
김동휘	89	58	78	225	75	5	C	불합격	60점 이하	F

김갑동	^^	If(and)함수
장우성	최고	
정봉휘	최고	평균이 90점 이상이고, 수학이 90점 이상이면 최고 아니면^^로 두세요.
정연희	^^	
김동휘	^^	

= SUM, = AVERAGE, = RANK, = IF, = IF(AND) 함수를 활용한 엑셀활용 실무

1. 일일매출관리는 수입과 지출의 흐름을 알고 영업의 방향과 마케팅 전략을 수립하는 데 있어 가장 기본이 된다.

2. 직원별 매출분석은 매출실적과 매출품목별, 고객 수별 분석을 통한 직원의 문제에 원인을 파악하여 개선하는 데 목적이 있다.

3. 고객증감 추이는 신규에서 고정고객으로 고정고객에서 충성고객 즉, 소개고객을 많이 만들어 주는 충성고객으로 만들어가는 것으로 헤어살롱의 경영에 매우 중요한 것이다.

4. 생산성 진단

생산성 진단 분석의 방법	
직원 1인 생산성	매출액 / 직원 수 = 월평균 직원 1인당 생산성(원)
평균 객 단가	매출액 / 총 객수 = 월평균 객 단가(원)
직원 1인당 처리객수	총 객수 / 직원 수 = 월평균 1인당 고객 처리객수(인)
1인당 1시간 생산성	매출액 / 영업시간 = 월평균 1인 시간당 생산성(원)
좌석당 시술 매출액	매출액 / 좌석 수 = 월평균 좌석당 매출액(원)
노동 생산성	매출이익 / 직원 수 = 월평균 1인당 생산성(원)
매출대비 사용제품 효율성	사용 제품 액 / 매출액 = 매출대비 사용제품 효율성(%)
매출대비 운영비 효율성	운영비용 / 매출액 = 매출대비 운영비 효율성(%)
매출대비 인건비 효율성	인건비 / 매출액 = 매출대비 인건비 효율성(%)
매출대비 재료비 효율성	재료비 / 매출액 = 매출대비 재료비 효율성(%)

5. 테일러 시스템(Taylor system)이라고도 한다. 작업과정의 능률을 최고로 높이기 위하여 시간연구와 동작연구를 기초로 노동의 표준량을 정하고, 임금을 작업량에 따라 지급하는 등, 여러 가지로 합리적인 관리방법이다.

6. 메이요 교수는 호손전기 회사 공장에서 일하는 근로자를 대상으로 하여 작업 능률 향상에 관한 연구를 하였는데 이것을 호손 실험이라 한다. 그의 연구 결과 작업능률을 향상하게 하는 요인들은 작업환경과 임금뿐만이 아니라 작업자의 인간관계임을 확인하게 되었다.

MEMO

3강

뷰티서비스
마케팅 전략 및
경영실무 방법론

뷰티서비스
고객관리와
경영관리
Customer and Business Management of Beauty Service

1장

마케팅 전략과 홍보·판촉

학습 개요

마케팅 전략과 홍보·판촉 단원에서는 마케팅 전략, 마케팅 커뮤니케이션, 통합적 마케팅 커뮤니케이션의 개념을 통한 4P, 홍보·판촉 전략에 관하여 학습하며, 시장 세분화 전략을 통하여 목표시장을 선정하고 소비자의 정보처리과정에 이해하여 소비자를 설득하여 행동하게 만드는 과정을 파악하는 설득 커뮤니케이션에 관하여 학습한다. 또한, SNS, 블로그 등을 통한 마케팅 방법인 온라인 마케팅 기법에 관하여 학습한다.

주요 용어

마케팅, 마케팅 커뮤니케이션(Marketing communication), 촉진(Promotion), 제품(Product), 가격(Price), 유통(Place), 마케팅 믹스(4P), 통합적 마케팅 커뮤니케이션(Integrated marketing communication), 홍보·판촉 전략, 광고(Advertising), PR(Public relations), 인적 판매(Personal selling), 판매촉진(Sales promotion), 시장세분화 전략(STP전략), 설득 커뮤니케이션, 관여도

1. 마케팅 전략의 이해를 통한 시장분석하고 전략을 수립하여 경쟁우위 전략을 수립할 수 있다.
2. STP 전략의 개념을 이해하여 시장과 고객을 분석하고 마케팅 전략을 수립에 적용할 수 있다.
3. 브랜드 관여도 경로 모형을 통한 차별화 전략을 수립할 수 있다.

1. 마케팅의 개념

마케팅이란, 제품의 판매를 활성화하게 하는 기법으로 고객가치를 창조하고 이를 효과적으로 전달하여 고객을 확보, 유지 및 증대하는 활동을 의미한다.

고객가치(Customer value)란, 고객이 지출한 비용보다 효익을 더 높은 것을 의미한다.

① 고객 중심적이다. 즉, 고객의 수요를 '감지하고 대응'하는 것이다.

② 고객을 찾는 대신에 고객을 '가꾸고 돌보는' 것이다.

③ 시장을 분석, 수요를 예측하여 시장성 있는 기술을 고안하는 기술기획 단계도 중요하다.

④ 판매 이후의 활동도 매우 중요한 요소이다.

1) 마케팅 커뮤니케이션(Marketing communication)의 개념

'마케팅 커뮤니케이션'은 프로모션이란 용어에서 나아가 좀 더 포괄적인 의미의 용어이며, 촉진(Promotion), 제품(Product), 가격(Price), 유통(Place)과 함께 마케팅 믹스(4P)의 한 요소로 고객의 구매 활동에 있어 제품을 알리고 구매하도록 설득하며, 구매를 유도하도록 인센티브 등을 제공하는 전반적이고 공격적인 활동을 의미한다. 이러한 관점에서 최근에는 프로모션을 통합적 마케팅 커뮤니케이션의 관점에서 마케팅 커뮤니케이션이라 말하고 있다.

2) 통합적 마케팅 커뮤니케이션(IMC : Integrated Marketing Communication)

통합적 마케팅커뮤니케이션은 전통적 프로모션관리에 대한 새로운 접근방법으로 전통적 마케팅 커뮤니케이션 믹스와 새로운 요소를 통합하여 일관성 있고, 명확하며, 이해 가능한 커뮤니케이션을 통하여 최대한의 효과를 달성해야 한다는 의미로 1989년 미국의 광고대행사협회는 통합적 마케팅 커뮤니케이션을 광고, DM, 판매촉진, PR 등 다양한 커뮤니케이션 수단들의 전략적인 역할을 비교, 검토하고, 명료성과 정확성 측면에서 최대의 커뮤니케이션 효과를 거둘 수 있도록 이들을 통합하는 총괄적인 계획의 수립과정으로 정의하고 있다. 이는 광고 이외의 촉진 활동의 중요성 증가와 소비자와 매체시장의 세분화 현상이 나타나고 있으며, 데이터베이스 마케팅의 등장으로 고객들과 개별적인 관계구축이 절실해졌기 때문이다. IMC는 강력하고 통일된 브랜드 이미지를 구축하고 소비자를 구매 행동으로 이끌기 위해 광고와 같은 단일 커뮤니케이션 수단 외에 표적 청중에게 도달하는 데 있어 가장 효과적일 수 있는 매체나 접촉수단을 적극적으로 활용한다. 또한, 지속적으로 소비자와의 관계 구축을 통해 반복구매와 브랜드 선호도를 실현할 수 있다.

3) 마케팅 커뮤니케이션 믹스의 유형과 특징

일반적으로 마케팅 커뮤니케이션은 광고, PR, 인적판매, 판매촉진을 통하여 수행되고 있다. 이 4가지의 수단을 마케팅 커뮤니케이션 믹스라고 하며, 이러한 촉진 도구를 통한 효과적인 커뮤니케이션에 달성하는 것이 중요할 것이다.

```
                         마케팅 요소
        ┌───────────┬───────────┬───────────┐
      상품          가격        유통경로      광고홍보
    Product        Price        Place       Promotion

   • 제품의 품질    • 정가       • 도매의 선택 등의   • 판매 촉진
   • 디자인        • 할인          채널 정책      • 광고
   • 브랜드 네임    • 지불기간    • 입지          • 영업 인력
   • 사이즈        • 신용조건    • 재고          • DM
```

(1) 4P 전략

제품(Product), 가격(Price), 유통(Place), 촉진(Promotion) 위의 4가지 P를 모아서 4P 전략이라 한다.

① 제품은 마케팅의 대상이 되는 제품 또는 서비스 자체의 특징을 의미한다. 제품의 품질, 서비스, 디자인, 보증기간 등이 포함된다.

② 가격은 제품 또는 서비스에 표시된 가격, 할인조건 등이다.

③ 유통은 제품의 유통경로와 거래처 등을 말한다.

④ 촉진은 판매촉진행사와 광고전략 등을 말한다.

4P 전략을 수립하는 이유는 시장에서 경쟁기업과의 경쟁에서 제품의 품질 및 가격이 뒤처지지 않고, 빠르게 공급하며 유통과정에서 최선의 유통망 확보로 원가를 절감하여 소비자를 대상으로 원활한 판매를 촉진하기 위한 것이다.

(2) 홍보 · 판촉 전략

가. 홍보 전략의 개념

홍보 전략의 핵심인 광고는 제조업자에게는 제품판매 수단으로 고객에게는 정보의 원천으로서 서로 중요한 역할을 하고 있다.

나. 홍보 전략의 목적

고객에게 정보를 전달하고 정보전달과 동시에 구매를 자극하고 설득하여 제품이나 브랜드에 대한 우호적인 태도를 형성할 수 있다. 제품을 널리 알림으로써 다른 기업보다 좋은 제품을 개발하도록 동기 유발을 일으켜 시너지를 확산시킬 수 있다. 변화의 촉매제 역할을 하며 인식 변화와 생활 방식에 변화를 가져다줄 수 있다.

다. 판촉 전략의 개념

판촉이란, 소비자들의 소비 욕구를 불러일으키고 자극함으로써 판매가 늘어나도록 하는 모든 활동을 의미하는 홍보 전략의 한 요소이다. 또한, 뷰티서비스업의 판매 촉진은 마케팅 커뮤니케이션의 일환으로 서비스나 제품을 고객들이 구매하도록 유도할 목적으로 해당 제품이나 서비스의 성능에 대해서 고객을 대상으로 정보를 제공하거나 설득하여 판매가 늘어나도록 유도하는 마케팅 노력의 일체를 말한다.

라. 판촉 전략의 목적

직접적으로 수요를 발생시키는 마케팅 수단뿐 아니라 뷰티서비스 업체의 이미지를 높이거나 긍정적 이미지를 만들어 간접적 이윤을 창출할 때 쓰이는 커뮤니케이션 수단으로도 쓰인다. 세일즈 프로모션은 소비자가 뷰티서비스 업체에 다가갈 기회를 제공하여 신규고객을 창출하고 기존 고객에게는 브랜드 로열티를 강화해 제품의 매출 증대에 기여한다.

- 광고(Advertising)

광고(Advertising)란, 광고주가 소비자의 행동과 태도에 영향을 줄 목적으로 신문 혹은 방송 등의 광고매체를 통하여 유료로 정보를 전달 활동하는 것을 말하며, 광고는 크게 두 가지 관점에서 정의할 수 있다

마케팅 관점과 커뮤니케이션 관점이다. 코틀러(P.Kotler)는 광고의 목적은 정보를 알리고, 소비자를 설득하여, 소비자의 기억 속에 자사의 브랜드를 회상시키는 것이라고 정리하였다. 광고는 광고주에 의해 대가가 지불되며 제품, 상표, 기업 이미지 등에 관한 의사전달의 전반적인 것을 말하며, 광고는 TV, 라디오, 신문, 잡지, 옥외 광고, 버스, 지하철의 광고 등의 다양한 매체를 이용한다. 간혹 과장광고나 허위광고로 인한 소비자의 피해가 발생하기도 한다. 과거의 단 방향 광고에서 현재 쌍방향 커뮤니케이션 광고로 변화되는 모습을 볼 수 있다. 예를 들어 보험 광고를 보고 고객 센터로 전화하면 소비자의 의문을 즉시 풀어주는 이러한 형태로 진화하고 있다.

- PR(Public relations)

PR은 다양한 이해관계자 간의 신뢰를 구축 커뮤니케이션 도구를 의미하며, 이해관계자라고 한다면 종업원, 주주, 소비자, 정부, 민간단체 등을 말한다. PR에 사용되는

종류를 살펴보면 뉴스, 신문 또는 잡지의 기사, 협찬을 통한 자사의 제품(상품)을 알리는 것을 말하며, 대표적으로 영화의 경우 관객의 관심을 높이기 위해 영화가 제작되는 동안에 방송관계자나 기자들을 촬영장으로 초대하여 미리 영화에 대한 정보를 제공하고 영화의 내용을 각 신문, 잡지나 방송관계자들에게 보내고 배우를 토크쇼에 출연시켜 관심도를 높여 영화가 흥행하는 데 도움이 되도록 한다.

- 인적 판매(Personal selling)

판매자가 구매를 유도하기 위해 예상 고객과 직접 접촉할 때 판매원이 예상 구매자에게 대면하여 기울이는 커뮤니케이션이며, 인적판매는 고객과 대면하여 이루어지는 상호작용이므로 다른 촉진 수단보다 차이점이 있다. 즉 쌍방향으로 이루어지는 커뮤니케이션이므로 즉각적 피드백을 얻을 수 있고 판매의 제안이 얼마나 효과적인지를 쉽게 측정할 수 있다

인적판매의 종류로는 고객에게 제품의 사용방법 교육과 제품 시연을 통한 제품의 판매를 말할 수 있으며 대표적인 예로는 방문판매를 들 수가 있다.

- 판매 촉진(Sales promotion)

넓은 의미로는 인적판매, 광고 및 기타의 보조적 판매활동 등을 뜻하며, 좁은 의미로는 인적 판매와 광고를 보완하고 그에 협동함으로써 판매활동을 지원하는 것이다. 코틀러(P. Kotler)는 판매촉진에 대하여 이렇게 정의하였다. "소비자나 유통업자가 특정 제품을 더 빨리, 혹은 더 많이 구매하도록 자극할 수 있는 단기적 수단의 집합이다." 그 구체적 내용으로는 판매점의 매출촉진에 협력하는 것으로서 영업지도, 판매자 교육, POP 광고의 배포 및 설치, 홍보용 전단지의 배포, 사용방법의 교육 리베이트 등을 말할 수 있으며, 소비자에게 하는 촉진으로는 쿠폰, 보너스 팩 사은 행사, 경품, 콘테스트, 전시회나 공장견학, 소비자 체험 학습 등이 있다.

시장세분화 전략이란, Segmentation Targeting, Positioning의 첫 알파벳을 따서 STP 전략이라고 한다.

① Segmentation은 시장세분화이며 우리가 제품이나 서비스를 판매할 시장을 어떠한 기준으로 나누는 것을 말한다. 마케팅에서 가장 기본이 되는 전략 중 하나이다(예를 들어, 나이별 또는 소득규모별, 성별, 직업별 등으로 나누는 것을 말한다).

② Targeting은 시장세분화에서 나눈 계층 중 어떠한 계층을 목표로 할 것이냐는 것이다, 이때 선정한 타깃은 꼭 하나이어야 하는 것은 아니다(예를 들어, 20~30대 연령층의 여성을 대상으로 영업하겠다).

③ Positioning은 시장에서 또는 고객의 마음속에 브랜드 또는 제품, 서비스를 어느 위치에 자리 잡게 할 것인가를 의미한다(예를 들어, 저렴하지만 서비스 수준은 보통, 비싸지만 서비스품질은 아주 좋다 등으로 비교할 수 있다).

Segmentation 시장세분화	Targeting 목표시장 선정	Positioning 포지셔닝

1) 타깃 마케팅

타깃 마케팅이란, 고객의 여러 가지 욕구 또는 요구에 의하여 고객을 세분화하여 그 그룹에 집중하는 마케팅의 방법을 타깃 마케팅이라고 한다. 매장 또는 제품의 생산자가 특정한 상품에 대하여 마케팅 믹스를 하고자 할 때 고려하는 방법일 것이다.

① 한 가지의 상품으로 모든 고객을 만족시킬 수 없기에 그것을 필요로 하는 대상을 나누는 것을 의미한다.

② 고객의 기본적 정보를 가지고 성별, 나이, 직업, 가치관, 라이프스타일 등에 의해 다양한 니즈(Needs)를 파악한다.

③ 기업은 다양한 고객의 욕구를 바탕으로 소비자들을 작은 그룹으로 세분화(Segmentation)한다.

④ 마케팅 기업의 영업활동에 효과적이고 효율적으로 할 수 있게 만들어 준다.

타깃 마케팅은 특정한 고객과 살롱의 마케팅 전략을 수립함에 있어서 중요한 요소로써 고객의 대상을 세분화(Segmentation)하는 분석의 자료와 지표로 활용할 수 있다.

● 3. 설득 커뮤니케이션

일반적으로 마케팅 커뮤니케이션은 소비자의 정보처리과정에 들어가 소비자를 설득하여 행동하게 만드는 과정을 '설득 커뮤니케이션'이라고 한다. 이러한 설득 커뮤니케이션은 궁극적으로 고객을 설득하여 태도의 변화를 일으켜 상품 또는 서비스를 판매할 목적으로 하기에 이것을 정보 처리하는 과정을 살펴보아야 할 것이다.

소비자가 외부의 자극을 받아들여 정보를 처리하는 과정은 노출, 주의, 지각, 이해, 저장의 단계로 진행되며 이러한 과정을 통하여 잘 이해된 정보는 소비자의 태도에 변화를 준다. 이때 태도의 변화는 정교화 가능성 모델로 설명할 수가 있는데 이 정교화 가능성 모델은 태도의 변화를 주는데 정보처리동기에 있어서 관여도의 정도와 중심단서 또는 주변 단서에의 영향에 따른 태도 변화과정을 알려주는 모형이다. 이러한 경로를 통하여 고객은 중요한 선택에서 결정을 내리는데 관여도가 높은 것에서는 많은 주변의 정보를 활용한다.

예를 들어, 고가의 자동차를 구매하는 경우에 우리는 판매자의 이야기를 참고만 하고 곧바로 구매하지는 않을 것이다. 주변에서 이야기하는 차량의 성능과 기능 외적 미관과 사향을 종합하여 비슷한 종류의 차량을 비교하여 신중하게 구매을 결정하게 된다. 즉, 직접 경험해볼 수는 없지만 다른 경험자의 이야기를 들으면 간접경험을 하는 것이다. 그만큼 신중을 기한다는 것이다. 그 이유는 자칫 판단을 한번 잘못하면 그 판단 오류로 인한 손실이 클 것을 인지하고 있기 때문일 것이다. 그러나 관여도가 낮은 제품의 구입에 있어서는 광고, 홍보, 판촉에 의해 쉽게 구매 사용하여보고 만족도가 높으면 지속적 사용을 하게 된다. 그러나 비슷한 종류의 제품이 다른 변수가 발생이 되면 구매가 다른 제품으로 바뀌게 되는데 예를 들면 껌을 사려하는 데 1+1 판촉행사를 하는 제품을 보았을 때 구매 심리가 바뀌는 경우를 볼 수 있다. 이것은 판단하여 구매하였다가 그 결과가 예상과 달라 실패를 하였다 하더라도 그에 대한 손실이 미미하기 때문일 것이다. 즉, 이러한 소비자의 행동들은 마케팅 전략을 세우기 위해서 필히 고려해 보아야 할 요소일 것이다.

1) 브랜드 선택과 관여도

고객이 좋아하는 브랜드를 반복 구매하는 경우 자동차와 같은 고관여인 제품에서는 브랜드 충성도라고 평가하고, 신라면 같은 저관여 제품에서는 습관, 관성이라고 표현한다.

(1) 고관여인 경우

브랜드 간에 차이가 클 때도, 작을 때에도 복잡한 의사결정을 한다. 의사결정을 할 때는 물론 고민이 되지만 브랜드 간에 차이가 작을 때에는 A를 선택해서 B에 대한 부조화가 감소한다고 한다.

① "뭐 A 제품 보다 더 좋을 건 없어"라고 생각하는 것과 같다.

② 부조화란, 제품을 구매한 후 종종 후회하는 마음이 생기는 등 심리적 불균형을 느끼게 된다. 이러한 상태를 인지적 부조화라고 하며 고관여 상황에서 훨씬 많이 나타나게 된다.

(2) 저관여인 경우

브랜드 간에 차이가 크면 소비자의 취향이 허용하는 범위 내에서 자신이 마음에 드는 대안들을 번갈아 구매하는 다양성 추구가 보인다고 한다. 반면에 브랜드 간에 차이가 작으면 쓰던 것을 쓴다는 관성적 구매를 한다.

FCB 그리드모형(Foote, Cone & Belding grid model)을 가지고 관여도를 평가하여 마케팅 전략 수립을 할 수 있다. 이는 관여도를 저관여와 고관여로 구분하고, 구매동기를 이성적과 감성적 동기로 구분하여 모두 4가지 구매유형으로 분류하여 마케팅 전략을 세우게 된다.

2) 저관여 구매와 전략적 이슈

저관여는 앞에서도 말했듯이 체계적인 효과계층모델을 거치지 않는다. 신념 > 평가 > 구매 결정이 아닌, 신념 > 구매 결정 > 평가의 단계를 거치는 경우가 많다.

저관여 브랜드 경우, 선발 브랜드가 이미 시장에서 확고한 인지도를 세우고 시장점유율을 높여 놓은 경우에는 소비자들의 관성적 소비행동이 선발기업에는 유리하지만, 후발 브랜드에는 불리하다. 이러할 때가 후발 브랜드에게는 마케팅이 절실히 필요할 때인 것이다.

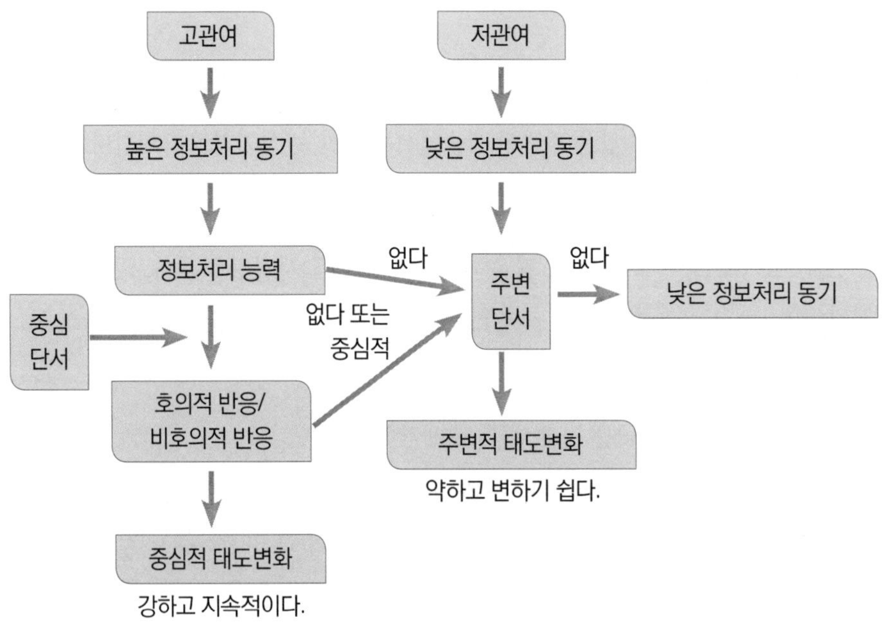

【 정교화 가능성 모델의 두 가지 경로 】

3) 저관여 제품에 대한 후발 브랜드의 전략

① 관여도를 높이는 방법

- 선발 브랜드에 대한 대안으로 인지도를 구축

- 제품에 관련된 문제와 연결 : 자일리톨 - 충치 예방

- 제품과 관련된 가치나 상징성의 연결 : 펩시 - 신세대를 위한 콜라로 포지셔닝

- 제품과 관여되는 상황의 연결 : 축구경기 후에 보는 맥주 광고

- 제품에 새로운 특성을 도입 : 흰 우유 - 호두 맛과 성분을 추가

- 기존 속성에 대한 중요도의 변화 : 콜라 - 사이다

② 관성적 구매를 다양성 추구 구매로 바꾼다.

- 판매 촉진의 사용 : 이 부분은 좀 어렵다. 초기예산이 많이 들고, 시장 전체의 수익성을 크게 떨어뜨리는 결과가 나타날 수 있기 때문이다.

- 부분적인 상황이나 문제와 연결 : 가나초콜릿 - TO YOU

③ 시장세분화를 통한 틈새시장에 전념

02 마케팅 불변의 법칙

 1. 마케팅 불변의 법칙 개념을 파악하여 마케팅 전략 수립에 적용할 수 있다.

1. 마케팅 불변의 법칙

1) 선도자의 법칙

마케팅을 이야기한다면 한 번쯤은 꼭 읽어 보아야 할 책 마케팅 불변의 법칙의 내용 중 중요한 몇 가지의 원칙을 소개하고자 한다.

① 선도자의 원칙 : 더 좋은 것보다는 맨 처음이 낫다.

② 최초로 뛰어들 수 있는 영역을 만드는 것이 바로 선도자의 법칙이다

③ 잠재고객의 기억을 지배하는 브랜드는 가장 좋은 브랜드가 아니라 맨 먼저 나온 브랜드다.

④ 맨 처음 나온 것이 모두 성공하는 것은 아니다. 타이밍이 중요하다.

⑤ 무엇이 최초인지를 알면 무엇이 선도인지를 알 수 있다

⑥ 최초의 브랜드는 대개 동일한 제품의 대명사가 된다.

⑦ 만일 최초의 제품을 개발한다면 누구나 쉽게 인식할 수 있는 이름을 채택해야 한다.

이미 시장에서 최초가 되어 있는 어떤 회사보다 당신의 회사가 좋은 제품을 갖고 있다고 소비자를 설득하기보다는, 그들의 기억 속에 최초로 들어가는 편이 훨씬 쉽다. 대부분 회사는 더 좋은 제품을 들고 시장에 뛰어든다. 하지만 지금 같은 경쟁적 환경에서 미투(Me-to) 제품이 성공적인 브랜드가 될 가능성은 적다.

리더십의 법칙은 종류를 불문하고 모든 제품, 브랜드, 영역에 고루 적용된다. 최초라는 말을 리더라는 단어로 대체하면 정확하게 유추해 낼 수 있을 거다.

인간에게는 먼저 가진 것을 고수하고자 하는 경향이 있다. 최초의 브랜드가 리더의 위치를 유지하는 이유는 그 이름이 해당 제품 모두를 대변하는 보통명사로 자리 잡기 때문이다. 성공비결은 소비자의 마음속에 제일 먼저 들어가는 것이다. 소비자들은 자기 마음속에 제일 먼저 들어온 최초의 제품을 가장 우월하다고 인식한다. 결국, 마케팅은 제품이 아니라 고객들의 인식의 싸움인 것이다.

2) 영역의 법칙

어느 영역에서 최초가 될 수 없다면 최초가 될 수 있는 영역을 개척하라. 잠재 고객의 기억 속에 맨 처음 들어갈 기회를 놓쳤다 하더라도 당신이 맨 처음 들어갈 수 있는 영역은 얼마든지 있다. 소비자의 기억 속에 최초로 인식되지 못했다 하더라도 희망을 버릴 필요는 없다. 자신이 최초가 될 수 있는 새로운 영역을 찾아보라.

새로운 제품을 출시할 때 가장 먼저 자문해보아야 할 질문은 "이 신제품은 경쟁사의 제품보다 어떤 점이 더 좋은가가 아니라 신제품이 최초가 될 수 있는 영역이 무엇인가이다. 소비자들은 브랜드라면 무조건 방어적인 태도를 취한다. 회사마다 자기 브랜드가 좋다고 떠들어대기 때문이다. 반면 영역에 관한 한 소비자들은 마음의 문을 연다. 사람들은 '무엇이 새로운가에 관심을 갖는다. 그러나 무엇이 더 좋은가에는 별 관심을 보이지 않는다.

3) 기억의 법칙

시장에서 최초가 되기보다는 기억 속에서 최초가 되는 편이 낫다.

① 사람은 한번 겪어 알게 된 기억을 쉽사리 바꾸려 들지 않는다.

② 단순하고 기억하기 쉬운 이름을 찾아라.

사람들은 기억이 만들어지면 좀처럼 바꾸지 않는다. 다른 사람들에게 깊은 인상을 주고 싶다면, 오랜 시간을 두고 조금씩 호감을 쌓으려 해서는 안 된다. 사람의 마음은 그런 식으로 기능하지 않는다. 당신은 상대방의 마음속에 돌풍처럼 파고들어야 한다. 소비자의 기억으로 들어가기 위해서는 단순하고 쉬운 이름이 필수적이다.

4) 인식의 법칙

마케팅은 제품의 싸움이 아니라 인식의 싸움이다.

① 마케팅에 있어 최고의 제품이란 없다. 소비자나 잠재 고객의 마음속에 담겨 있는 인식이
   바로 실체이다.

② 마케팅의 주제는 제품인가 아니면 고객의 기억과 판단을 지배하고 있는 인식 체계인지를
   구분해야 한다.

③ 제품의 품질만이 마케팅의 성패를 좌우한다는 생각에 젖어 있는 한 여간해서 성공을 거두
   기란 어렵다.

④ 인식의 차이가 판매량의 차이를 좌우하는 결정적 요인이다.

⑤ 사람은 스스로 믿고 싶어 하는 것을 믿는다. 누구나 다 아는 사실을 먼저 긍정해야 한다.

마케팅 담당자들은 자사의 제품이 최고이며, 최고의 제품이 결국 승리할 것이라는 믿음을 갖
고 있다. 하지만 이는 환상에 불과하며 객관적인 현실이란 존재하지 않는다.

마케팅의 세상에는 소비자나 소비자의 기억 속에 자리 잡는 '인식'만이 존재할 뿐이다. 그 외
다른 모든 것은 환상이다. 사람들은 대부분 자기가 다른 사람보다 인식을 더 잘한다고 생각한다.
마케팅은 바로 이런 인식을 다루는 기술이다.

마케팅 담당자들은 사실의 비교에 기초를 두고, 자사제품이 최고의 제품이라 믿기 쉽다. 그저
자신의 인식을 조금 수정하면 되기 때문이다. 그러나 소비자의 마음을 바꾸는 일은 대단히 어렵
다. 어떤 제품이든 약간의 경험만 있어도 소비자는 자신이 옳다고 생각한다. 사람들은 자기가 한
인식이 거의 틀리지 않는다고 생각한다. 마케팅은 제품의 싸움이 아니라 인식의 싸움이다. 마케
팅은 그런 인식을 다루는 일련의 과정이다.

사람들은 자기가 믿고 싶어 하는 것을 믿는다. 코카콜라 시음회에서 입증되듯이 자신이 맛보
고 싶은 것을 맛본다. 코카콜라는 20만 번 자체 테스트 → 뉴코크 > 펩시콜라 > 오리지널 코카란
결과를 얻었으나, 여전히 우리의 기억은 오리지널 코카가 1위, 사람들은 자신의 인식을 활용하
지 않고 다른 사람이 현실을 인식한 내용(간접인식)을 기반으로 구매결정을 한다.

5) 집중의 법칙

마케팅에서 가장 강력한 개념은 잠재 고객의 기억 속에 하나의 단어를 심는 것이다.

① 단순하고 평범한 단어의 위력이 첫 번째이다.

② 후광효과 : 한 가지의 탁월한 특성으로 인해 그 제품 전체의 가치가 과대평가되는 효과를 말한다.

③ 어떻게 하면 단일 제품만을 파는 사업에서 벗어날 수 있을까 일 것이다.

④ 아무도 손대지 않은 최초의 단어를 선택한다.

⑤ 닌텐도는 원래 트럼프 등의 카드 메이커에서 시작 1983년 개발한 게임 컴퓨터 '패미컴'이 폭발적인 인기를 얻게 됨에 따라 세계적인 게임 소프트웨어 업체가 되었다.

⑥ 남들로 하여금 당신을 추종하여 당신의 단어를 사용하도록 하라.

단순한 하나의 단어나 개념에 초점을 모으면 사람들의 마음속에 깊은 인상을 남길 수 있다. 리더는 해당 영역 전체를 대변하는 단어를 소유한다. 예를 들어, IBM은 '컴퓨터'라는 단어를 소유하고 있다. 이 말은 리더의 브랜드명이 그 영역을 대변하는 보통명사로 통용된다. 그것이 복사기, 초콜릿, 콜라, 라면, 제록스, 허쉬, 코카일 것이다. 이때 현명한 리더는 한 걸음 더 나아간다. 하인즈는 '케첩'이라는 단어를 소유했다. 더 나아가 케첩의 중요한 속성을 따로 떼어내 부각시켰다.

'세계에서 가장 느리게 나오는 케첩'을 표현하여 진한 농도라는 속성인 '느리게'라는 단어를 소유하여 시장점유율 50% 이상을 유지하고 있다. 큰 성공을 거둔 회사 또는 브랜드는 그 대부분이 소비자의 마음속에 '단어 하나를 심고 그 단어를 소유한 회사들이다. 그 몇 가지 예는 다음과 같다.

※ 메르세데스 - 기술, BMW - 주행, 볼보 - 안전, 도미노 피자 - 가정배달, 펩시콜라 - 젊음

마케팅의 핵심은 초점을 좁히는 것이다. 활동 반경을 좁히면 당신은 더욱 강해질 수 있다. 모든 것을 쫓으려다가는 결코 어느 하나의 대표가 될 수 없다. 넓고 얕은 것보다 좁고 깊은 것이 유리하다고 할 수 있겠다.

6) 독점의 법칙

소비자가 마음속에 심은 단어를 두 회사가 동시에 소유할 수는 없다.

① 사람들의 의식 속에 한번 새겨진 것을 바꾸거나 빼앗을 수는 없다.

② 가장 좋은 단어는 선도자들이 이미 선점하고 있기에 십상이다.

경쟁자가 소비자의 마음속에 이미 심어놓은 단어나 지위를 같이 소유하겠다고 시도하는 것은 아무런 득이 되지 않는다. 메르세데스벤츠와 GE를 포함해 많은 자동차회사도 똑같이 '안전'을 강조한 마케팅을 시도해 왔다. 그러나 오로지 볼보만이 '안전'이라는 메시지를 소비자의 마음속에 들여놓는 데 성공했다.

사람의 마음이란 한번 정해지면 누구도 바꿀 수 없다. 패스트푸드의 '빠르다.'라는 맥도날드가 갖고 있었다. 버거킹이 '빠른 세상을 위한 최고의 음식'이란 슬로건으로 도전하였다가 대실패를 경험했다.

7) 사다리의 법칙

사다리의 어떤 디딤대를 차지하고 있느냐에 따라 구사할 전략은 달라진다.

① 아비스의 "We're No.2" 캠페인은 제품을 고객의 마음속에 자리 잡도록 하는 '포지셔닝' 이론의 대표적인 예이다.

② 한번 마음속에 형성된 인식의 사다리는 여간해서 무너지지 않는다.

③ 브랜드가 잠재 고객의 기억 속에 있는 사다리에서 차지하고 있는 위치와 시장 점유율은 서로 일치한다.

④ 시장은 타의 추종을 허락하지 않는 1위, 고만고만한 2, 3위의 각축장이다.

⑤ 작은 사다리의 첫째가 될 것인가? 큰 사다리의 꼴찌가 될 것인가?

소비자에게 모든 제품이 '평등하게' 다가가지는 않는다. 소비자가 구매 결정을 할 때 사용하는 서열등급이 있다. 영역별로 사람들의 마음속에는 제품 사다리가 있다. 사다리의 디딤대에는 각각의 브랜드명이 있다.

미국 렌터카 영역에선 소비자들에게는 허츠가 1위, 아비스가 다음, 내셔널은 세 번째다. "아비스는 렌터카 시장에서 2위 밖에 안 된다. 그런데도 우리를 찾아야 하는 이유는 무엇일까? 우리가 더 열심히 노력하기 때문에" 아비스가 2위라는 사실을 인정하는 순간부터 큰 이익을 내었다. 그러자 경영진에서 '아비스는 업계 1위가 될 겁니다.'라는 광고를 내자 사람들은 허츠로 전화를 걸어 예약을 하였고, 그 캠페인은 대실패로 끝났다.

사람의 마음은 선택적이다. 소비자들은 자신의 사다리를 사용해 받아들일 정보와 거부할 정보를 결정하고 그 나머지는 철저히 무시한다.

8) 이완성의 법칙

장기적으로 볼 때 모든 시장은 두 마리의 말만이 달리는 경주가 된다. 성숙한 시장에서는 선두를 놓고 각축을 벌이는 1, 2위 간의 경쟁으로 제3인 자의 자리가 가장 지키기 힘들다. 만약 당신이 불안한 3위 신세라면 한시바삐 당신만이 이익을 낼 수 있는 다른 분야를 개척해 두어야 한다. 시간이 지남에 따라 고객들은 선도적인 브랜드를 원한다.

9) 정반대의 법칙

만약 당신이 이인자를 겨냥하고 있다면 당신의 전략은 선도자에 의해 결정된다. 더 좋은 것보다는 전혀 다른 것을 만들어야 한다. 그것이 선도자를 따라잡는 길이다.

① 선도자 흉내 내기는 결국 실패할 수밖에 없다.

② 아무리 강력한 선도자라 할지라도 파고들만 한 약점은 충분하다.

③ 본차이나(bone china)는 골회와 자토를 섞어 구운 영국 자기이다.

④ 본차이나를 상대로 정반대의 법칙을 무시한 많은 회사가 몰락해갔다.

10) 분할의 법칙

시간이 지나면 하나의 영역이 분할되어 둘 또는 그 이상의 영역이 된다.

① 살아 있는 영역은 모두 분할된다.

② 새로운 영역이 나타날 때마다 새로운 브랜드로 대응하는 것이 선도자가 자신의 지배권을 유지하는 길이다.

③ 미국의 고급 승용차 시장에 상륙한 일본의 혼다는 전혀 다른 새 이름 아큐라를 내세움으로써 성공할 수 있었다.

④ 선도자들은 대개 기존의 선도 영역에 악영향이 미칠 것을 우려해 새 영역에 대응하는 새 브랜드 개발을 두려워한다.

03 다양한 마케팅 전략

1. 컨시어지 마케팅 개념을 통하여 고객서비스전략에 적용할 수 있다.
2. 온라인 마케팅의 개념을 통하여 SNS, 블로그 마케팅 활용에 적용할 수 있다.

1. 다양한 마케팅 전략

1) 컨시어지 마케팅(Concierge marketing)

컨시어지 마케팅이라는 용어는 세계 고객 전략 연구소의 CEO 엘리엇 에텐버그가 2003년 자신의 저서 '넥스트 이코노미'(Next Economy)에서 처음 사용했다. 엘리엇에 의하면 정보 과잉의 신경제시대에는 실속 있고 신뢰할 수 있는 정보를 가려내기가 어려워, 복잡한 생활에 직면한 소비자들이 더 중요한 일에 열중하기 위해 일상적인 소비는 믿을 수 있는 사람에게 맡기고 싶어 해서 호텔 컨시어지의 개념이 기업 마케팅으로 확대됐다는 것이다. 이처럼 소비자에게 만족스러운 경험을 제공하는 고객경험관리가 주요 마케팅 포인트로 떠오름에 따라 고객 관계 지향적 마케팅인 컨시어지 마케팅이 전 업계로 확산되는 추세이다. 컨시어지 마케팅의 대표적인 예는 백화점에서 개인의 쇼핑을 대신해주는 퍼스널 쇼퍼(Personal Shopper), 고객이 필요한 제품이나 서비스를 미리 파악해 직접 찾아가 제공하는 방문판매사원, 금융업계의 재무 설계사 등이다.

로마 시대 성문지기에서 유래된 말로 관리인, 문지기 안내인 등을 뜻하는 컨시어지는 주로 호텔에서 투숙객이 필요로 하는 극장이나 음식점 예약, 여행 수속 등을 대신해주는 담당자를 말한다. 이처럼 고객이 원하는 바를 집사나 개인비서처럼 챙겨주는 호텔 서비스가 일반 기업의 마케팅에 접목된 것을 컨시어지 마케팅이라고 한다.

'바쁜 고객에게 개인 비서처럼 일대일 맞춤 서비스를 제공하라.' 2009년 IT 업계는 '컨시어지 마케팅'을 적극 활용했다. 실례로 LG전자는 뉴 초콜릿 폰을 서울 압구정동 갤러리아 백화점 명품 매장에 전시하면서 컨시어지 마케팅을 시작했다. 제품을 직접 보고 마음에 들어 현장에서 메모를 남기면 LG전자에서 직접 찾아가 제품 시연과 설명부터 개통까지 관련 업무를 다 처리해줬다. 이 모든 것이 고객의 편의만을 생각해서였다. LG전자는 앞서 프라다 폰 때도 컨시어지 서비스를 제공해 톡톡히 효과를 봤다. 이처럼 업계들이 컨시어지 마케팅을 적극 활용하는 것은 고객이 필요로 하는 서비스를 미리 알아서 제공함으로써 회사에 대한 고객의 충성도를 높이기 위해서다(디지털 타임즈 2010.8.5 일자 기사 / 국민일보 2009.10.27 일자 기사).

2) 소셜 커머스(Social commerce)

소셜 커머스는 상거래 서비스에 소셜적인 요소가 있거나 판매 자체를 SNS 내에서 하는 등 전자상거래를 위해 SNS를 활용하는 것을 의미하게 되었다.

최근 가장 활발하게 활용되는 대표적인 소셜 커머스는 3가지 유형이 있다.

① 공동구매 방식으로 하루에 제한된 수량의 제품 및 서비스를 판매하고 일정의 조건이 충족될 경우 구매단가를 대폭 할인해주는 방식이다.

예를 들어, 특정 상품을 1,000명이 구매하게 되면 50%를 할인해 주는 것이다. 위메프, 그룹폰, 위폰, 티켓몬스터 등이 이에 해당한다.

② 공동구매보다 SNS를 보다 더 적극적으로 활용하는 방식으로 기존 E-commerce 사이트와 연계하는 방식이다.

이것은 특정 사이트에서 이루어진 구매, 평가, 리뷰 등의 활동이 구매자의 소셜 네트워크와 직접 연동하여 공유되는 방식이다. 단순히 커머스 사이트에 Facebook이나 Twitter로 이동할 수 있는 링크 버튼을 삽입하기도 하고, Facebook Plugin을 통해 구매 활동이 자동적으로 자신의 SNS에 반영되어 지인들과 공유하는 형태를 띠기도 한다.

③ 가장 최근에 나타나고 있는 유형으로 SNS 내에 직접 입점하여 판매하는 방식으로 이 방식은 탭 또는 애플리케이션의 형태로 SNS 내 쇼핑몰을 추가하는 것이다. 최근에는 페이브먼트, 알벤다와 같은 쇼핑몰 벤더를 활용하여 Facebook 내에 쇼핑몰을 오픈하는 업체들이 늘어나고 있다. 이러한 벤더를 사용하면 상품등록, 장바구니, 리뷰 등의 기본적인 구

매 기능은 물론 공동구매나 이벤트와 같은 추가적인 기능도 활용할 수 있다(LG경제연구원, 두산백과 사전).

3) 소셜 네트워크 서비스마케팅

소셜 네트워크 서비스마케팅은 온라인상에서 불특정 타인과 관계를 맺을 수 있는 서비스인 SNS를 마케팅에 이용한 것이다. 이용자들은 싸이월드, 페이스 북, 트위터, 미투데이 등의 SNS를 통해 인맥을 새롭게 쌓거나, 기존 인맥과의 관계를 강화시킨다. SNS가 큰 인기를 끌면서 서비스와 형태도 다양해졌다. 휴대전화와 결합되면서 모바일 접속이 가능해졌고, 통화, 회의, 쇼핑 등 다양한 기능이 SNS에 부가되었다. 특히, SNS는 일반 검색을 통해 찾는 정보보다 친구의 추천으로 공유하는 정보가 신뢰성이 높고 또 간결하게 전달되는 특징이 있는데 바로 이 점이 기업들이 SNS를 마케팅에 활용하게 되는 이유라 할 수 있다. 이처럼 기업들이 SNS에 관심을 갖고 이를 이용한 마케팅 활동을 활발히 펼치는 이유는 무엇보다 고객에게 친근감을 조성할 수 있고 기업이나 제품, 브랜드에 관한 고객들의 이야기가 급속히 확산하는 도구이기 때문이다(한겨레신문 2011.2.17일자).

(1) 바이럴 마케팅(Viral marketing)

바이럴 마케팅은 누리꾼이 이메일이나 다른 전파 가능한 매체를 통해 자발적으로 어떤 기업이나 기업의 제품을 홍보하기 위해 널리 퍼뜨리는 마케팅 기법으로, 컴퓨터 바이러스처럼 확산된다고 해서 이러한 이름이 붙었다. 바이럴 마케팅은 2000년 말부터 확산하면서 새로운 인터넷 광고 기법으로 주목받기 시작하였다. 기업이 직접 홍보를 하지 않고 소비자의 이메일을 통해 입에서 입으로 전해지는 광고라는 점에서 기존 광고와 다르다. 입소문 마케팅과 일맥상통하지만, 전파하는 방식이 다르다. 입소문 마케팅은 정보 제공자를 중심으로 메시지가 퍼져 나가지만 바이럴 마케팅은 정보 수용자를 중심으로 퍼져 나간다. 기업은 유행이나 풍조 등 현실의 흐름을 따라가면서 누리꾼 입맛에 맞는 엽기적인 내용이나 재미있고 신선한 내용의 웹 애니메이션을 제작, 인터넷 사이트에 무료로 게재하면서 그 사이에 기업의 이름이나 제품을 슬쩍 끼워 넣는 방식으로 간접광고를 하게 된다. 누리꾼은 애니메이션 내용이 재미있으면, 이메일을 통해 다른 누리꾼에게 전달하고, 이러한

과정이 반복되다 보면 어느새 누리꾼 사이에 화제가 됨으로써 자연스레 마케팅이 이루어
지는 것이다. 일부 바이럴 마케팅 광고는 제품정보를 알려 준 사람에게 보상을 주는 조성
책(인센티브) 접근법을 쓰기도 한다. 바이럴 마케팅은 웹 애니메이션 기술을 바탕으로 이루
어지며, 파일 크기가 작아 거의 실시간으로 재생할 수 있음은 물론, 관련 프로그램만 이용
하면 누구나 쉽게 제작할 수 있고, 기존 텔레비전이나 영화 등 필름을 이용한 광고보다 훨
씬 저렴한 비용이 들기 때문에 빠른 속도로 확산하고 있다.

(2) 소셜 네트워크 서비스마케팅 우수 사례

KT, 대한항공, 미스터피자, 기업은행, 매일 유업, 이들 기업의 공통적인 특징은 마케팅
전략으로 SNS를 사용했다는 것이다. KT는 2009년 7월 KT 기업 공식 트위터를 오픈하면
서 SNS 마케팅에 시동을 걸었다. 같은 해 11월에는 KT 기업 블로그를, 2010년 7월에는
KT 페이스북을 론칭 했다. KT의 SNS 서비스는 국내에 출시된 애플 아이폰과 더불어 큰
인기를 끌었다.

아이폰 출시 이전 KT는 트위터를 통해 소비자와 소통하며 신뢰감을 쌓았다. 특히, KT
는 하루에도 몇 개씩 벌어지는 해프닝을 기존 미디어를 통해 대처하기가 불가능하다는 점
을 간파하고 SNS를 통해 회사 입장을 소비자에게 소개했다. 이런 KT의 전략은 KT SNS
를 기존 미디어를 인용해 보도하는 것으로 확장되면서 SNS가 하나의 미디어로서 자리 잡
을 수 있는 단초를 제공하였다. 이처럼 KT가 SNS를 마케팅에 성공적으로 활용한 것처럼
대한항공, 미스터피자, 기업은행 등도 SNS를 마케팅에 성공적으로 활용하고 있다. 이렇
듯 요즘 기업들이 혈안을 올리고 있는 것이 SNS 마케팅, 즉 소셜네트워크 서비스 마케팅
이다(MK뉴스 2010.9.6일 자).

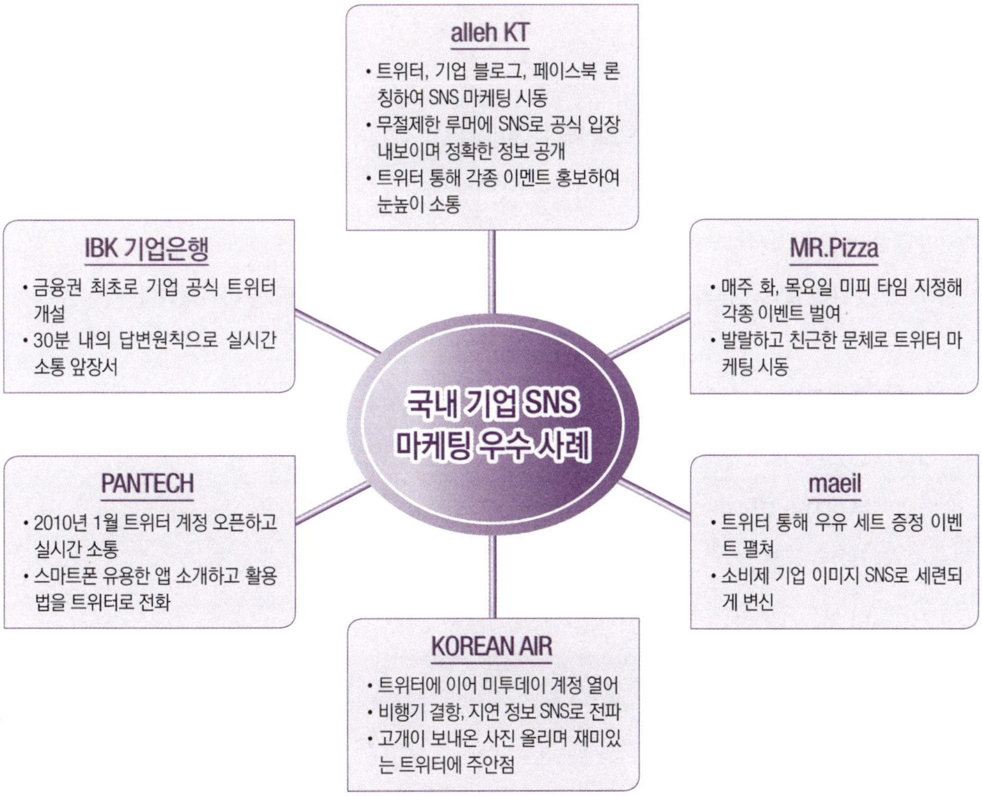

국내 기업 SNS 마케팅 우수 사례

alleh KT
• 트위터, 기업 블로그, 페이스북 론칭하여 SNS 마케팅 시동
• 무절제한 루머에 SNS로 공식 입장 내보이며 정확한 정보 공개
• 트위터 통해 각종 이멘트 홍보하여 눈높이 소통

IBK 기업은행
• 금융권 최초로 기업 공식 트위터 개설
• 30분 내의 답변원칙으로 실시간 소통 앞장서

PANTECH
• 2010년 1월 트위터 계정 오픈하고 실시간 소통
• 스마트폰 유용한 앱 소개하고 활용법을 트위터로 전화

MR.Pizza
• 매주 화, 목요일 미피 타임 지정해 각종 이벤트 벌여
• 발랄하고 친근한 문체로 트위터 마케팅 시동

maeil
• 트위터 통해 우유 세트 증정 이벤트 펼쳐
• 소비제 기업 이미지 SNS로 세련되게 변신

KOREAN AIR
• 트위터에 이어 미투데이 계정 열어
• 비행기 결항, 지연 정보 SNS로 전파
• 고개이 보내온 사진 올리며 재미있는 트위터에 주안점

1. 블로그 마케팅 구축하기

1) 사업자의 활동을 일기장형식으로 올린 것이다.

① 글과 사진, 동영상의 조합으로 올려라.

② 글 → 블로그, 사진 → 이미지, 동영상 → 동영상으로 노출된다.

③ 블로그의 글과 사진의 조합으로 SNS에 노출과 확산을 통하여 구전되는 마케팅이다.

2) 블로그 만들기

① 스킨 선택

② 세부 디자인 선택

③ 레이아웃 설정

※카테고리 설정의 예시

① 업체소개	② 시술후기	③ 정보	④ 나의 이야기
공지사항	컬러	두피	운동
예약하기	두피	컬러	
	모발		맛집
오시는길	기타	기타	

3) 에디터 기능

① 역인 글 기능은 삭제한다.

② 외부수집 허용한다. (다른 포털사이트에 노출)

③ 본문 스크랩을 허용한다.

④ 외부 보내기를 사용한다. (페이스북, 트위터, 카카오 → 전송 가능)

⑤ 예약기능을 활용한다. (수정과 문맥을 잘 만들 수 있다)

⑥ 하루에 많은 글을 올리는 것보다 하루에 한 개를 올리는 것이 좋다.

4) 블로그 글 형식

① 제목 : ___________________________

② 서론(3줄) : 안녕하세요.

　오늘은 ○○○의 이야기해 드릴게요!

③ 본론 : ~ 벌어진 일(자세하게 설명한다)

　→ 어떻게 방문, 어떻게 상담, 시술, 결과(전, 후) + 에피소드

④ 일기 형태로 소비자의 공감인식을 얻을 수 있다.

　→ 표현(블로그로 스토리텔링 마케팅)

⑤ 결론(1줄) : 여기까지 제목 내용 이야기였습니다. (과거)

5) 블로그의 상위노출 방법과 홍보글 작성방법

블로그 + '글' = 상위노출 = 이웃 '입소문'

① 소비자가 검색하는 단어 조사한다. (공감키워드 조사)

② 조사한 단어 검색 후 경쟁이 치열하지 않은 키워드부터 공략한다.

③ 월 1개만 해당 키워드 공략한다.

④ 오전 7 ~ 9시 사이에 글 쓰는 것이 노출에 영향을 준다.

⑤ 덧글 + 공감하기를 지속적으로 관리한다.

⑥ 매일매일 글쓰기 작업을 한다.

6) 블로그 지도와 사이트 등록

① 네이버 메인 화면 하단에 검색 등록한다.

② 검색등록 클릭 신규 등록한다.

③ 회사정보 등록 요청한다.

④ 등록 요청기간 약 7일 정도 소요된다.

7) 블로그 개설의 예

안녕하세요...

뷰티에듀테인먼트(주) 컬러 두피 전문 가맹점 문의 예약 상담입니다~~

먼저 블로그에 방문해주신 고객님께 감사를 드립니다^^&

블로그를 통하여 상담 문의를 하시면 빠른 상담 예약을 하실 수 있습니다.

예약 상담은 블로그 가맹점 문의를 통하여 예약하실때

꼭!!! 비밀 덧글로 작성하여 주세요^^

예약 작성 예시

성함: 홍 길 동

전화번호: 010-0000-0000

상담 예약 일짜: 00월 00일 오후 1시

1. 마케팅이란, 제품의 판매를 활성화하는 기법으로 고객가치를 창조하고 이를 효과적으로 전달하여 고객을 확보, 유지 및 증대하는 활동을 의미한다.

2. 마케팅 커뮤니케이션은 프로모션이란 용어에서 나아가 좀 더 포괄적인 의미의 용어이며, 촉진(Promotion), 제품(Product), 가격(Price), 유통(Place)과 함께 마케팅 믹스(4P)의 한 요소이다.

3. 통합 마케팅 커뮤니케이션은 전통적 프로모션 관리에 대한 새로운 접근방법으로 전통적 마케팅커뮤니케이션 믹스와 새로운 요소를 통합하여 일관성 있고, 명확하며, 이해 가능한 커뮤니케이션을 통하여 최대한의 효과를 달성해야 한다는 의미다.

4. 광고(Advertising)란, 광고주가 소비자의 행동과 태도에 영향을 줄 목적으로 신문 혹은 방송 등의 광고매체를 통하여 유료로 정보를 전달 활동하는 것을 말한다.

5. PR은 다양한 이해관계자 간의 신뢰를 구축 커뮤니케이션 도구를 의미하며, 이해관계자라고 한다면 종업원, 주주, 소비자, 정부, 민간단체 등을 말한다.

6. 인적 판매(Personal selling)는 판매자가 구입을 유도하기 위해 예상 고객과 직접 접촉할 때 판매원이 예상 구매자에게 대면하여 기울이는 커뮤니케이션이다.

7. 판매촉진(Sales promotion)은 넓은 의미로는 인적판매, 광고 및 기타의 보조적 판매활동 등을 뜻하며, 좁은 의미로는 인적 판매와 광고를 보완하고 그에 협동함으로써 판매활동을 지원하는 것이다.

8. 시장세분화는 제품이나 서비스를 판매할 시장을 어떠한 기준으로 나누는 것을 말한다.

9. 타깃팅은 시장세분화에서 나눈 계층 중 어떠한 계층을 목표로 할 것이냐는 것이다, 이때 선정한 타깃은 꼭 하나이어야 하는 것은 아니다.

10. 포지셔닝은 시장에서 또는 고객의 마음속에 브랜드 또는 제품, 서비스를 어느 위치에 자리 잡게 할 것인가를 의미한다.

뷰티서비스
고객관리와
경영관리

2장

창업·운영관리 실무

학습 개요

창업에 있어 사업계획서는 사업목표를 설정하는 것으로 매우 중요한 지표가 된다. 그러므로 창업관리 실무에서는 사업계획서 작성 시 시장조사와 점포입지와 상권분석, 시설 인테리어, 창업 준비과정에 관하여 살펴보고자 한다. 또한, 운영관리 실무에서는 매출관리, 서비스 품질관리, 인적자원관리, 고객 접점 프로세스 개발인 서비스 청사진과 점포운영 성공사례에 관하여 학습한다.

주요 용어

사업계획서, 시장조사, 상권분석, 경쟁업체 분석, 소비자 분석, 점포의 입지, 점포요인, 미디어 파사드란(Media facade), 서비스 품질(SERVQUAL), 6시그마(Six sigma), 인적자원관리, 직무분석, 직무평가, 서비스 청사진(Service Blue Print)

01 창업관리 실무

1. 사업계획서와 시장조사, 상권분석을 통한 창업 준비과정에 적용하고 활용할 수 있다.
2. 상권분석을 통한 마케팅 관리전략 매뉴얼 수립할 수 있다.
3. 시설 인테리어의 차별화를 통하여 홍보, 시장의 선점에 적용할 수 있다.

1. 사업계획서의 작성과 시장조사

1) 사업계획서 작성의 목적

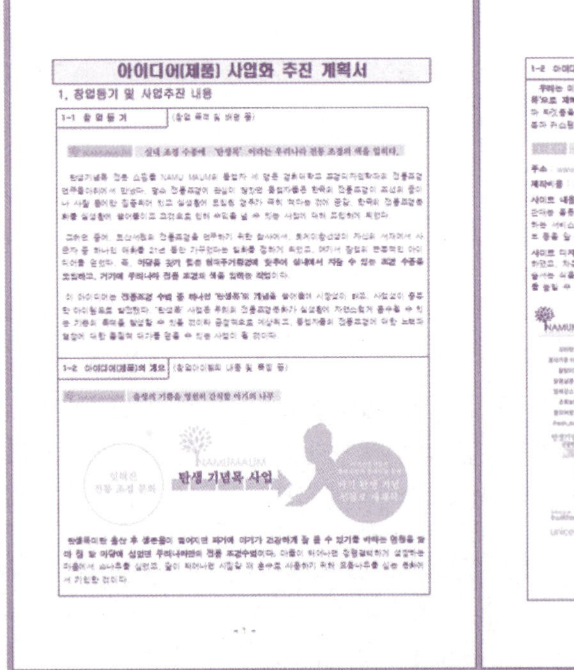

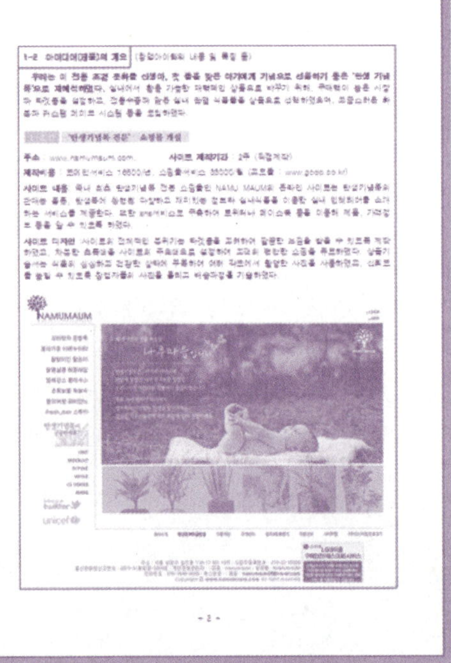

① 사업계획서는 미래의 사업성과를 추정하면서 목표를 설정하는 것으로 창업자 입장에서는 자신의 사업방향을 정하는 나침반이다.

② 사업계획서는 계획하고 있는 사업과 관련하여 사업목적인 최대의 수익을 창출하기 위해서 투자, 생산, 판매. 재무 등의 추진 계획을 정리하여 작성한 보고서이다.

③ 사업계획서는 사용하고자 하는 상황에 따라 형식이나 내용 면에서 차이가 있으므로 그 용도에 따라 작성하는 것은 중요하다.

④ 사업계획서는 남을 설득하는 것이 가장 큰 목적이다. 설득하려면 논리성을 가지는 것이 필요하다. 논리성을 바탕으로 설득하기 위해서는 사업계획서 작성 시 다음과 같은 원칙들을 고려해야 한다(이해 가능성, 객관성, 일관성, 독창성).

사업계획서 작성을 통하여 부족한 부분이 있다면 필히 보완하여야 하며, 필요자금은 충분한지를 따져봐야 한다. 이를 간과하게 되면 개점 후 얼마 되지 않아 자금에 압박을 받아 사업을 제대로 펴보지도 못하고 폐업을 하는 상황을 겪을 수도 있다. 그리고 창업 시기를 잘 판단해야 한다. 좋은 아이템이라 할지라도 시기를 잘못 선택하여 실패하는 경우도 있기 때문이다.

2) 시장조사

시장조사는 기업이 당면하고 있는 구체적인 상황에 적합한 관련 자료를 체계적으로 설계, 수집, 분석하여 보고하는 것이다. 따라서 시장조사는 고객의 소리(Voice of Customer)를 반영하여 마케팅 전략의 수립과 결정에 의미 있는 정보를 제공하는 것이 목적이다. 시장조사는 상권분석, 경쟁업체 분석, 소비자 분석, 점포의 입지와 입지조건 분석으로 구분하여 조사하며, 방법으로는 설문기법을 통하여 조사하거나, 대인 인터뷰, 전화 인터뷰, 우편 인터뷰, 전자인터뷰 등을 통하여 진행하거나 전문 컨설팅 기관, 부동산 업체, 소상공인시장진흥공단의 상권분석 등을 활용하여 조사한다.

(1) 상권분석

창업지의 상권 분석하여 적정한 입지를 선택해야 한다. 입지선정에 실패하게 되면 돌이킬 수 없게 된다. 그리고 사업에 대한 타당성 분석과 아울러 수익성 분석을 해보고 그 결과에 따라 사업을 시작할 것인지를 판단해야 할 것이다.

　　상권분석은 개점하고자 하는 위치에서 거리를 통한 환산과 고객의 유입 수를 통하여 나누는데, 1차 상권은 반경 500m 내의 상권으로 유입고객의 60% 정도가 거주하는 지역, 2차 상권은 1km 내의 상권으로 유입고객의 25% 정도가 거주하는 지역, 3차 상권은 위의 두 지역에 해당하지 않는 상권을 포괄적으로 말한다. 여러 가지 상권분석 틀을 통해 직·간접적으로 영향을 줄 수 있는 특징과 특성을 분석한다.

제1상권　　　　　　　　　　　　　　제2상권

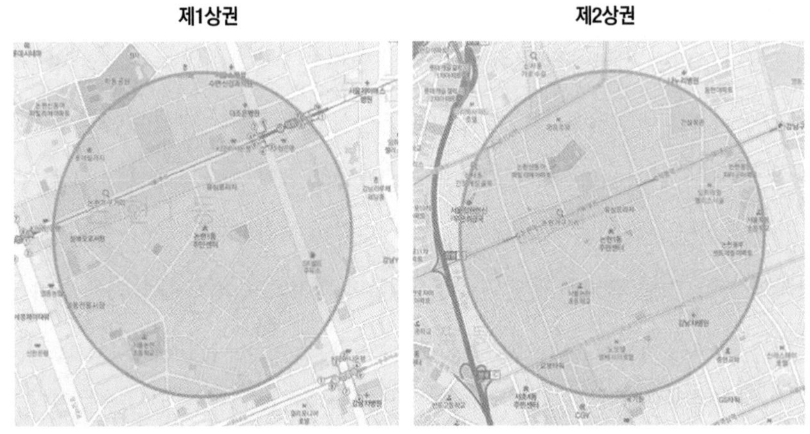

[소상공인시장진흥공단 상권정보]

가. 인구통계학적 분석한다.

　　연령, 직업, 인구밀도, 성별, 가족 규모, 혼인 상태, 소득수준, 종교, 가족 생활주기 상태, 학력, 지역, 기후, 주거 형태, 지역의 크기 등 통계적·수량적으로 파악 가능한 부분을 말한다.

【 주거인구 현황 】

행정자치부 주민들옥인구통계 및 주거인구를 활용한 추정치, 2016. 12. 기준

상권명	구분	총인구수	연령대별 인구수						
			10세 이하	10대	20대	30대	40대	50대	60대 이상
제1상권	전체	19,356 (100.0%)	871 (4.5%)	907 (4.69%)	3,744 (19.34%)	5,224 (26.99%)	3,085 (15.94%)	2,408 (12.44%)	3,117 (16.1%)
	남	8,952 (100.0%)	440 (4.92%)	479 (5.35%)	1,620 (18.1%)	2,344 (26.18%)	1,554 (17.36%)	1,122 (12.53%)	1,393 (15.56%)
	여	10,401 (100.0%)	432 (4.15%)	433 (4.16%)	2,120 (20.38%)	2,875 (27.64%)	1,527 (14.68%)	1,286 (12.36%)	1,728 (16.61%)

제2상권	전체	64,147 (100.0%)	4,119 (6.42%)	4,423 (6.9%)	11,011 (17.17%)	15,368 (23.96%)	11,148 (17.38%)	8,057 (12.56%)	10,021 (15.62%)
	남	30,133 (100.0%)	2,100 (6.97%)	2,282 (7.57%)	4,835 (16.05%)	6,935 (23.01%)	5,587 (18.54%)	3,881 (12.88%)	4,513 (14.98%)
	여	34,011 (100.0%)	2,022 (5.95%)	2,150 (6.32%)	6,172 (18.15%)	8,426 (24.77%)	5,555 (16.33%)	4,173 (12.27%)	5,513 (16.21%)

[자료출처 : 소상공인시장진흥공단 상권정보]

인구통계학적(Demographics) 분석을 통하여 시장을 세분화하고, 목표 고객을 선정하는데 목표 고객에 대한 대략적 정보를 파악, 상대적 특성을 확인할 수 있다. 그러므로 헤어살롱의 컨셉과 인테리어, 마케팅 전략 등을 수립하고 기획한다.

(2) 경쟁업체 분석

경쟁자의 강점과 약점을 분석하여 어떠한 전략을 통하여 영업하는지 분석한다. 예를 들면 경쟁업체가 어떠한 제품과 서비스를 통하여 경쟁하고 있는지, 차후에는 어떻게 상황이 변할 것인지, 앞으로 경쟁 상대가 될 가능성은 없는지 잠재적 경쟁자까지 분석해야 한다.

【 선택업종 현황 】

지방자치단체, 자체조사데이타, 2017. 07. 기준

업종	2015년 06월	2015년 12월	2016년 06월	2016년 12월	2017년 06월	2017년 12월
여성미용실	89	118	123	81	81	80
합계	89	118	123	81	81	80

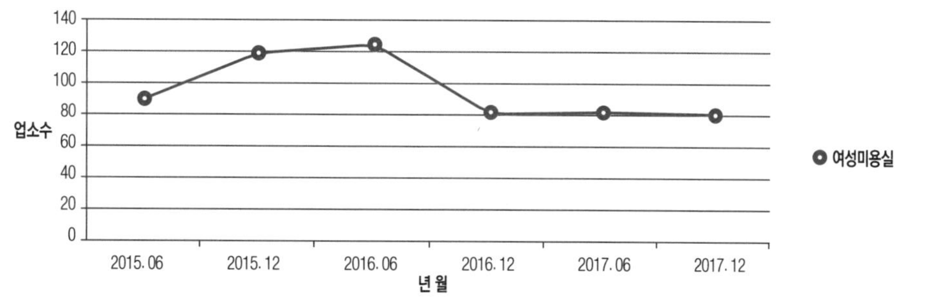

[자료출처 : 소상공인시장진흥공단 상권정보]

상권 내 경쟁업체의 위치와 규모, 직원 수, 영업 현황, 고객의 입소문 등을 분석한다.

(3) 소비자 분석

1차, 2차 상권 내에서 유입 가능한 주요고객의 심리적 특성을 분석한다.

가. 소비자의 심리학적 분석

고객의 개성이나 욕구, 고객의 편익을 탐색하는 과정 등을 통하여 소비행동 측면을 분석하는 데 가장 보편적인 것은 소비자의 라이프스타일(Life style)이다. 같은 인구 통계적 특성에서도 심리적 특성이 다를 수 있고, 다른 인구 통계적 특성을 가졌더라도 심리적 특성이 같을 수 있다(광고크리에이티브, 2014).

나. 소비자 행동에 영향을 줄 수 있는 분석

크리에이티브에서 소비자 행동을 분석한다는 것은 매우 중요하다. 행동관습, 소비패턴, 친구 관계, 의사결정 형태, 의사결정의 영향자, 여가활동, 매체 이용 형태 등을 파악한 다음, 그 제품이 왜 필요하며, 왜 그 제품을 좋아하는지 등 '소비자 행동'을 상호 밀접하고 유기적으로 종합 분석하고 평가해야 한다. 즉, 제품과 서비스를 소비하는 계층과 소비행동, 소비행동까지의 의사결정과정, 소비행동에 영향을 미치는 요소 등을 파악한다. 여기서는 소비자들의 동기와 성향을 유추할 수 있고, 행동의 유사성을 통해 소비자의 공감을 이끌어 낼 수 있다(광고크리에이티브, 2014).

소비자 분석을 통해 고객의 특성을 파악하여 경영전략에 장점과 약점을 파악하고, 강점은 유지 발전하며, 약점을 보완하는 전략이 필요하고, 고객들의 구매 행동을 분석하여 고객의 특성에 따라 마케팅 전략을 세우는 것은 매우 중요하다.

3) 점포의 입지와 점포요인 분석

점포입지의 지정학적 특성과 점포요인은 헤어살롱의 성공창업에 중요한 요소라 할 것이다. 입지란? 경제활동의 주체가 위치하는 장소인 정적, 공간적인 개념인 데 비하여 입지선정은 장소를 선정하는 동적, 시간적, 공간적 개념이라고 정의할 수 있다(박순석, 2009).

(1) 넬슨의 점포 입지 이론 8가지 원칙

① 현재 상권 잠재력의 타당성

→ 향후 발전 가능성에 관한 잠재력 분석

② 상권에의 접근 가능성

→ STP 모델을 활용한 고객 접근성 분석

③ 성장 가능성

→ 호재 및 성장 요인의 분석과 예측

④ 중간 저지성

→ 기존 점포와 고객과의 사이에 새로운 점포가 입점하여 기존 점포로 접근하는 고객을 중간에서 차단시킨다.

⑤ 누적적 흡입력

→ 시간이 지날수록 고객 유입이 누적되는가에 관한 타당성 검토와 분석한다.

⑥ 양립성

→ 보완 관계에 있는 업종 간 두 점포가 인접하면 유리하다.

⑦ 경쟁 회피성

→ 같은 상권 내 동종 업계 점포가 적으면 유리하다.

⑧ 입지의 경제성

→ 보증금, 임대료, 기타 권리금 등이 적으면 투입 자금 부담이 적으나 상대적으로 열악한 상권일 수 있다(NCS 이용학습모듈, 2016).

【 직장인구 현황 】

나이스지니데이터, 2017. 06. 기준

상권명	총인구수	성별인구수		연령대별 인구수				
		남	여	20대	30대	40대	50대	60대 이상
제1상권	31,943 (100.0%)	16,563 (51.85%)	15,440 (48.34%)	5,608 (17.56%)	11,435 (35.8%)	7,909 (24.76%)	3,870 (12.12%)	3,121 (9.77%)
제2상권	174.252 (100.0%)	88,746 (50.93%)	85.861 (49.27%)	31.165 (17.89%)	61,429 (35.25%)	43,842 (25.16%)	21,659 (12.43%)	16,157 (9.27%)

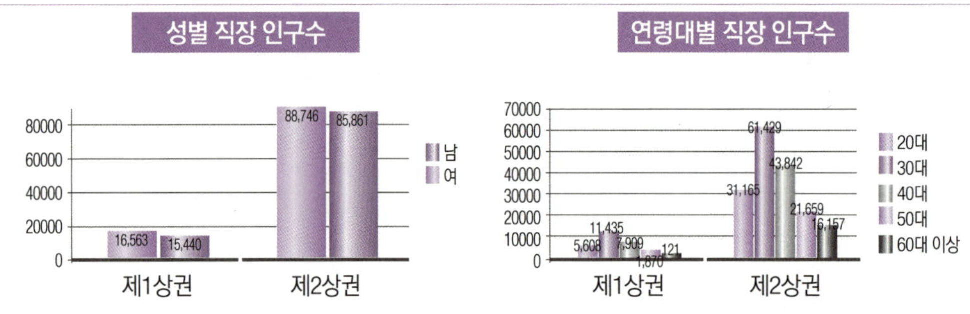

[자료출처 : 소상공인시장진흥공단 상권정보]

상권 내의 유동인구와 유입고객을 발굴해야 하므로 주변에 관공서, 백화점 등 인구밀집이 가능한 입지조건과 대중교통 이용의 편리성과 주변 주차시설, 편의시설 등을 분석하여 평일과 주말 그리고 시간대별 고객의 유동과 유입을 추정한다.

【 주요/집객시설 】

상권명	주요시설				집객시설			
	공공기관	금융기관	의료/복지	학교	대형유통	문화시설	숙박시설	교통시설
제1상권	2	18	81	10	84	5	6	0
제2상권	26	140	629	20	325	17	41	0

TIP 주요/집객 시설의 위치를 확인하시려면 상단의 주요/집객시설 위치보기를 통해 확인이 가능합니다.

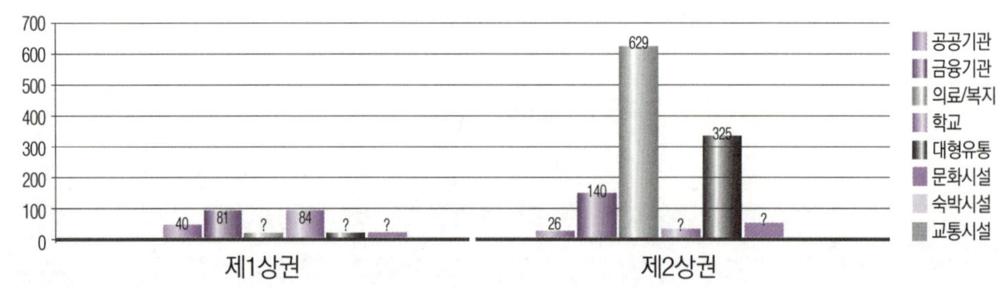

[소상공인시장진흥공단 상권정보]

【 점포임대시세 】

지역별 평균 임대료 비교

지역	활성화 지역			비활성화 지역		
	지하	1층	2층 이상	지하	1층	2층 이상
강남구	27,097	37,612	34,159	20,815	32,340	27,301
서울	21,671	31,922	24,864	13,829	17,867	15,439
전국	13,006	17,480	12,025	9,427	13,336	7,783

인근 주요상권 점포 평균 임대시세

급지 구분	층수	면적	보증금(만원)	임대료(만원)	전세환산가(만원)	제곱미터당 월임대료(원)
활성화	지하	33.058m²	785	75	8,285	25,233
	1층	33.058m²	1,302	102	11,502	37,422
	2층 이상	33.058m²	1,120	87	9,820	29,202
비활성화	지하	33.058m²	656	62	6,856	18,449
	1층	33.058m²	1,215	81	9,315	27,439
	2층 이상	33.058m²	986	67	7,686	26,619

[소상공인시장진흥공단 상권정보]

초기자본의 양은 사업체가 추진하고자 하는 사업의 크기와 추진전략과 밀접한 관련이 있다. 따라서 많은 자본을 확보하여 효율적으로 활용한다는 것은 필요한 경영활동에 적절한 자금을 적절한 시기에 투입할 수 있고, 이는 곧 사업체의 경쟁력을 높여 성공 가능성을 높이는 것이다. 또한, 많은 초기자본은 사업체가 사업을 추진하거나 문제점들을 극복하고 생존하는 데 보다 많은 시간적 여유를 제공한다.

4) 시설 인테리어

시설 인테리어와 접객 시설은 고객을 유입하게 하는 첫 번째이다. 뷰티서비스 업체는 방문하여 서비스를 제공받기 전까지 서비스에 대한 평가가 어려운 것이 사실이다. 그러므로 고객을 유입하기 위한 편의시설과 주차 공간 그리고 주목성이 좋아야 할 것이다.

과거 기술 중심의 스타일만 하는 미용실에서 현재는 기술을 바탕으로 한 고객서비스 중심의 헤어살롱의 개념으로 바뀌어 가고 있다. 즉, 인테리어, 주차 공간, 고객 편의시설 등의 시설에 많은 투자를 하고 있다. 이미지를 중요시하는 뷰티서비스업의 특성과 함께 소비자의 취향과 감성이 고급화됨에 따라 창업자들 또한 인테리어와 같은 점포시설 부분을 경영성과에 중요한 속성으로 부각하고 있다. 그리고 소비자의 접근 및 교통의 용이성 및 주변 경쟁업체 여부 등과 같은 점포 입점 속성이 성공적인 경영성과를 이루기 위한 중요한 속성임을 알 수 있다. 따라서 성공적인 창업을 위해서는 소비자의 접근성이 쉽고 표적 소비자의 유동인구량이 많은 입지를 선정하고 현재 미용서비스에 대한 소비자의 취향과 감성에 맞는 점포 인테리어의 측면을 고려하여 점포를 입점할 수 있어야 한다.

미디어 파사드란(Media facade), 건축물 외면의 가장 중심을 가리키는 '파사드(Facade)'와 '미디어(Media)'의 합성어로, 건물 외벽 등에 LED 조명을 설치해 미디어 기능을 구현하는 것을 말한다. 도시의 건축물을 시각적 아름다움뿐 아니라 정보를 전달하는 매개물로 사용하기 때문에 디지털 사이니지(Digital signage)의 한 형태이며, 조명 · 영상 · 정보기술(IT)을 결합한 21세기 건축의 새 트렌드로서, 2004년 압구정동 갤러리아 백화점 명품관에 도입된 것이 효시로 꼽힌다(네이버 지식백과).

1) 창업 진행 준비과정

기 창업자와 같아서는 고객들에게 감동(특별함)을 심어 줄 수 없다. 누구나 하는 것보다는 나만이 할 수 있는 것이 유리하고 같은 것일 지라도 나만의 특별한 가치를 제공할 수 있어야 한다. 이것이 차별화이며 차별화 된 것은 경쟁을 회피할 수 있기 때문에 성공할 가능성이 높다고 할 수 있다. 잘할 수 있는 것과 잘하는 것에 집중하는 것이 바람직하다.

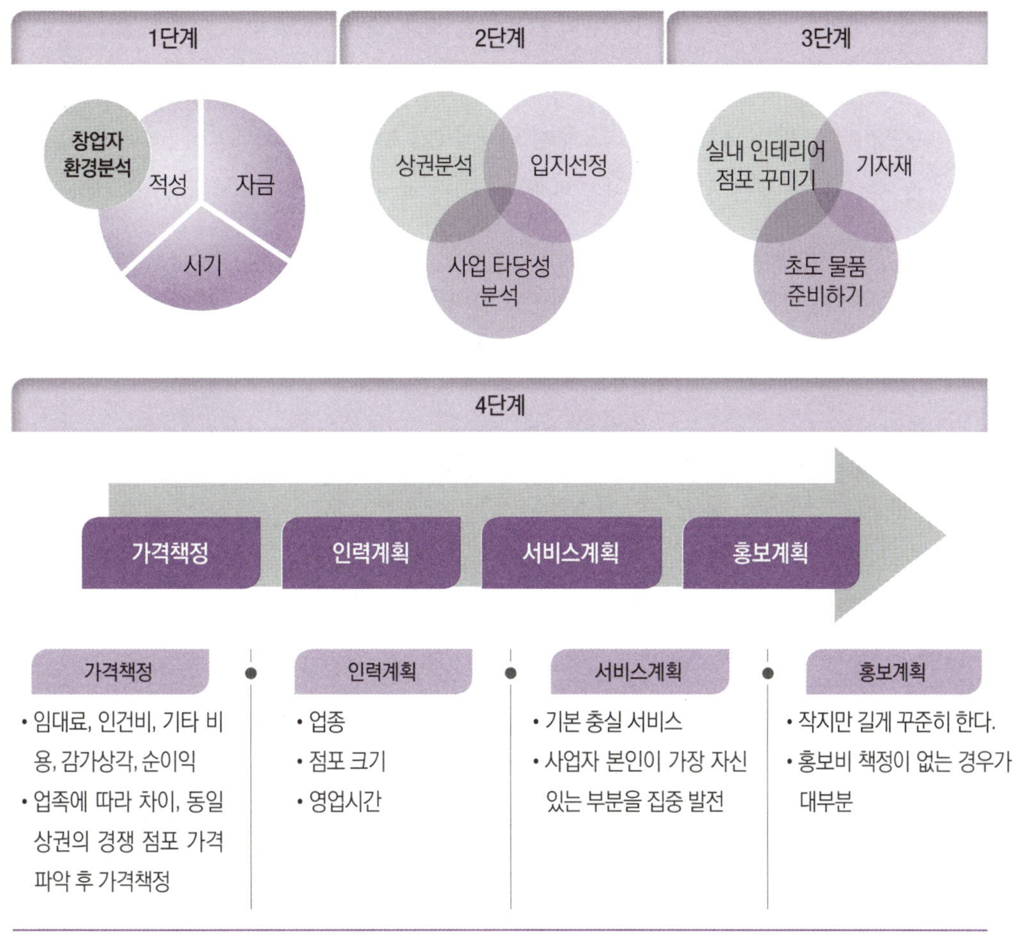

2) 인허가 사항

인허가 사항은 업종에 따라 달라지며 사전에 필요한 요건들을 파악하여 준비하여야 한다. 모든 일이 나를 중심으로 맞춰지는 게 아니라는 점을 인식하고 정해진 기준이나 규정에 맞도록 맞추어서 진행해야 함을 명심하고 꼼꼼히 준비하여야 할 것이다.

(1) 뷰티서비스업 인허가 절차

① 건강진단서 : 각 시, 군, 구청 보건소 또는 병원, 의원에서 간질환자, 정신 질환자, 향정신성 마약류 상습 복용 및 투여자가 아님을 확인한 진단서를 받는다.

② 각 시, 군, 구청 위생과를 방문하여 접수(진단서, 자격증, 사진) 면허증 발급

③ 위생교육 : 시, 군, 구청에서 위탁 지정하는 교육기관에서 교육이수 후 위생 교육 필증

　수령(주민등록증, 교육비)

④ 영업신고필증 교부 : 각 시, 군, 구청 위생과(위생 교육 필증, 임대차 계약서, 면허증)

⑤ 사업자등록증 신청 : 관할 세무서에서(신청서 양식, 임대차 계약서, 주민등록등본, 도장, 영업허가

　증, 신분증) 사업자등록증을 신청

⑥ 신용카드 신청 : 사업자등록증 발급 후 단말기 업체에 신청

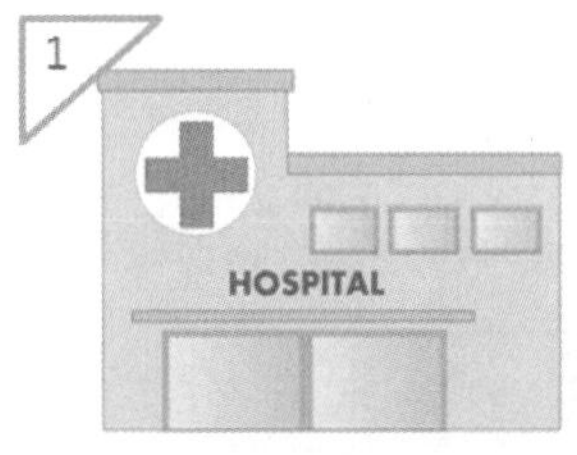

02 운영관리 실무

1. 서비스 기준을 설정하고 서비스 성과와 비교하여 서비스 성과를 향상하게 하는 지표로 활용할 수 있다.
2. 서비스 품질을 측정하는 다양한 모델을 이해하고 적용할 수 있다.
3. 서비스 청사진을 작성하고 서비스 프로세스를 수립, 적용할 수 있다.
4. 직원의 인사 고가를 위한 근무평가 규정을 만들어 계획을 수립, 평가 후 인사고과에 반영할 수 있다.

학습목표

1. 점포운영 관리

점포운영은 누구나 가능하지만, 운영을 잘하느냐 못하느냐는 개인의 관심과 노력에 따라 달라진다. 훌륭한 아이템, 최고의 상권/입지를 가지고 오픈하여도 점포관리에 차질이 있으면 실패의 결과로 만들어진다.

- 매출향상을 통한 수익성 극대화
- 목표 달성에 의도적이거나 조작적 혹은 인위적이기 보다는 자연스럽고 즐겁게 이뤄지는 것이 점포 운영의 진정한 목표

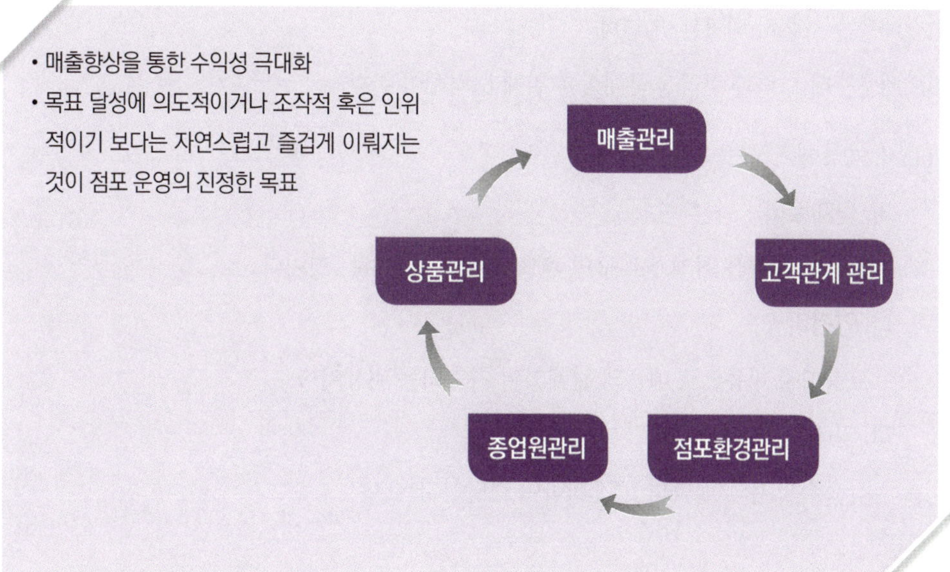

점포운영 관리, 즉 살롱 매니지먼트의 기본적인 요소로 매출관리, 고객관계 관리, 서비스 품질 관리, 인적자원관리, 점포환경관리를 효율적으로 운영하여 수익을 극대화해 나가야 할 것이다. 이러한 운영관리는 품질경영이라는 경영적 측면에 관심을 기울여야 할 것이다.

1) 매출관리

매출은 개인이나 기업이 수익을 얻기 위한 목적으로 제품을 판매 또는 서비스를 제공하고 그 대가를 받는 영업수익을 뜻한다. 일반적인 매출이라 하면 기업에서 생산 공정을 마친 물품을 거래처나 소비자에게 내어 판매하고 발생한 수익을 의미한다. 뷰티서비스업의 경우 유형의 상품과 무형의 상품을 결합 또는 제공함으로 매출이 발생한다.

제품 또는 서비스를 제공에 따른 제품명, 제공된 서비스 항목과 매출액을 분명하게 기재한다. 당일 매출액에 대한 상세 내역을 기록하고 현금인지 외상인지 정확하게 구분하여 총 매출액과 매출품목, 수량이 정확하게 일치할 수 있도록 한다. 매출관리 대장이나 일일매출 현황을 작성하여 효율적인 관리가 가능하다.

① 매출이 높다고 반드시 수익성이 좋은 것은 아니다.

② 매출 상승보다 수익성 상승 초점을 맞춰야 한다.

③ 매출은 차별화된 상품의 가치가 주도한다.

④ 매출을 소홀히 해서는 안 된다

⑤ 매출증대 노력과 수익성 극대화를 위해 노력해야 한다.

(1) 수익성에 영향을 주는 요소

가. 원재료비

최상의 제품을 최저가로 구입 후 최고가로 판매하는 것이다.

나. 인건비

고정지출 비용으로 매출의 관계없이 지출되는 비용이다.

다. 임대료

작을수록 유리 매출의 10% 미만이 적당하다.

라. 매출

① 매출은 수익의 원천

② 관리비, 공과금, 세금, 카드수수료 등도 수익성에 영향을 끼친다.

2) 서비스 품질관리

(1) 서비스 품질의 개념

서비스 품질이란, 고객이 인지한 서비스 품질은 정보, 경험, 기업 이미지, 개인적 요구 등에 근거하여 서비스 기업이 제공할 것이라고 기대한 서비스와 제공 서비스에 대해 인지한 서비스를 평가기준에 의해 비교한 것이라고 정의할 수 있다.

(2) 서비스 품질 측정

서비스 품질관리 측정(평가)은 서비스 접점에서 결정되며 평가를 좌우하는 요인들은 서비스를 전달하는 요소에 있다고 할 수 있다. 서비스 접점에서 고객 만족을 창출하기 위해서는 서비스 전달 시스템을 잘 구축하고, 효과적으로 관리해야 한다는 것을 의미한다. 서비스 전달 시스템이란, 고객에게 서비스가 제공되는 시점에서부터 전달될 때까지의 흐름을 의미하며, 서비스의 효율성을 높이기 위해 서비스 전달시스템을 잘 설계하는 것은 기업의 경쟁력을 위해 중요한 업무이다. 동종 산업에서 경쟁기업과의 차별화된 서비스전략은 서비스 전달시스템의 설계 과정으로부터 시작될 수 있으며, 서비스 전달시스템을 구축하기 전에 다양한 대안들을 놓고 고민하고 분석해야만 한다(최은아 외, 2016).

가. 서비스 품질 평가의 어려움

서비스 품질의 기준은 고객이며, 고객만족의 기준에 맞게 제공되는 서비스과정, 결과물, 문위기를 개발, 유지, 관리하여야 한다.

① 뷰티서비스는 가시적인 상품이 아니기에 직접 경험을 통해서만 서비스 품질을 알 수 있다.

② 서비스가 반드시 동시에 수행되고 소비되어야 하므로 서비스의 질은 서비스 제공자의 능력과 서비스 제공자와 고객 사이의 상호작용의 질에 크게 의존한다.

③ 서비스 품질이 고르지 않아 누가, 언제, 어디서 서비스를 제공하느냐에 따라 차이가 많이 난다. 미용서비스는 서비스 과정에서 가변 요소가 많고 고객의 동일한 주문이라도 미용사에 따라 다르게 수행될 수 있기 때문에 서비스 품질의 일정하게 유지하기가 어렵다.

④ 서비스에 대한 수요와 공급의 균형을 이루기 어렵다. 따라서 수요와 공급 간의 조화를 이루는 전략이 필요하다.

"고객은 기억해 주고 대접해 주기를 원한다."

고객은 어떤 서비스를 제공하느냐에 따라 고객의 반응이 달라진다.

나. SERVQUAL(서비스 품질)

SERVQUAL은 서비스 품질을 설명하는 대표적인 개념으로 서비스(Service)와 품질(Quality)의 합성어이다. P.Z.B(1985)는 서비스 품질의 속성을 10개로 세부측정항목을 97개로 정리하여, 가장 타당성 있는 속성과 측정항목으로 개발되었고. 1988년 실증연구를 통하여 유형성, 신뢰성, 응답성, 확신성, 공감성, 5가지 차원으로 재구성되었다.

① 서비스 품질 분석방법

- 유형성 : 물리적 요소의 외형에 대한 차원으로 품질을 설정하는 항목이다. 예를 들어 최신장비, 시설, 종업원 외모와 분위기, 안내 시설, 휴식 공간, 시설물 관리, 이동 동선의 편리성 등을 말할 수 있다.

- 신뢰성 : 믿을 수 있는 정확한 임무수행의 차원으로 품질을 설정하는 항목이다. 예를 들어 서비스 철저, 업무의 정확도, 예약 시간 관리, 상담과 작업결과의 정확성, 약속한 시간에 마무리 등을 말할 수 있다.

- 응답성 : 고객에 대한 반응이 즉각적이고 자발적인가에 관한 차원으로 품질을 설정하는 항목이다. 예를 들어 신속한 서비스 제공, 스스로 도움을 제공, 고객이 무엇인가 요구하였을 시 신속하게 대응하는 것을 말한다.

- 확신성 : 직원의 능력, 공손함, 안전성 등에 관한 차원으로 설정하는 항목이다. 예를 들어 미용에 관련된 유익한 정보나 전문 지식을 숙지하고 제공, 트렌드를 파악하여 고객이 스타일을 믿고 맡길 수 있는 것을 말한다.

- 공감성 : 고객에 대해 충분히 이해하고, 의사소통이 원활한가에 대한 차원으로 품질을 설정하고 항목이다. 예를 들어 개별적 관심, 접근 용이성, 고객에 대한 이해, 제공하는 서비스에 관한 관심과 주의를 기울이고 고객이 원하는 서비스를 제공, 고객의 이해를 쉽게 도와주는 것을 말한다.

② 서비스 품질의 5가지 차원의 서비스 수준에 대한 고객의 기대감과 실제 제공된 서비스의 인지된 성과차이를 비교하여 측정한다. 서비스에 대한 고객의 평가는, 기대대비 만족으로 나타나는데, 절대적 만족도가 A사에서 제공된 서비스의 만족도가 50%이고, B사에서 제공된 서비스의 만족도가 80%라는 가정에서, A사의 서비스 기대치가 5%였다면, A사에서 제공된 서비스의 만족도는 10배 되며, B사의 서비스 기대치가 40%이었다면, B사에서 제공된 서비스 만족도는 2배이다. 그러므로 서비스 만족도는 A사가 제공된 서비스 가치가 높다는 원리다.

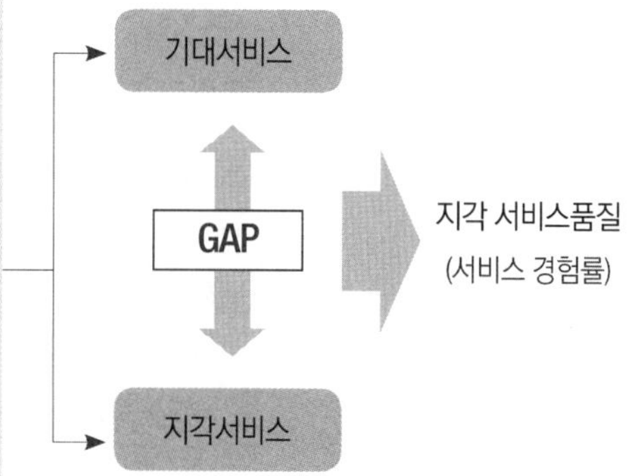

다. 6시그마(품질경영)

6시그마(Six sigma)란, 100만 개의 제품 중 3 ~ 4개의 불량만을 허용하는 3 ~ 4PPM (Parts Per Million) 경영, 즉 품질혁신 운동을 말한다. 시그마(σ)는 보통 통계학에서 오차 범위를 나타내며, 경영학에서는 제품의 불량률을 나타내는 데 사용된다. 1시그마는 68%, 3시그마는 99.7%의 제품이 만족스럽다는 의미이며, 시그마의 수치가 오를수록 제품의 품질만족도는 상승한다. 6시그마를 통계적으로 보면 99.99966%가 양품(良品)이라는 의미다. 예전의 100PPM 운동과 비교할 때 사실상의 완벽을 추구하는 품질관리 운동으로 볼 수 있다(윤덕균, 2007).

모토롤라의 품질 향상 노력의 결과로 탄생한 6시그마는 20년 이상 지속, 발전해 오면서 기업 경영 혁신의 중심으로 자리매김했다. 이러한 6시그마(σ)는 기업이 최고의 품질 수준을 달성할 수 있도록 유도하는 고객에게 초점을 맞추고 데이터에 기반을 둔 경영 혁신 방법론으로 정의할 수 있다(Weiner, 2004). 또한, 6시그마는 통계에 근간을 둔 시스템적 접근 방법으로(Roberts, 2004), 복잡한 시장 환경에서 의사결정자로 하여금 문제 해결에 필요한 아이디어를 떠오르게 하고, 당면한 문제를 체계적으로 해결하도록 지원하는 방법론이다(김계수, 1999).

Define(정의)	Measure(측정)	Analyze(분석)	Improve(개선)	Control(관리)
고객 요구사항 파악과 프로젝트 목표, 정의	Y의 현 수준 파악과 잠재 원인 변수 X's의 발굴	수집된 데이터를 근거로 문제의 근본 원인인 핵심인자 X's 확인	최적의 프로세스 개선안과 문제의 해결책 도출	개선 결과의 문서화와 유지 계획 수립

① 6시그마 분석방법

6시그마 프로젝트 수행 방법론은 DMAIC와 DMADOV의 두 가지 유형이 있다. DMAIC는 현재 존재하는 프로세스나 제품의 결함을 획기적으로 개선하기 위한 방법론인 반면, DMADOV는 신제품을 설계하거나 현재 존재하지 않는 새로운 프로세스를 처음부터 6시그마 수준으로 설계하기 위한 방법론이다. 이 중에서 6시그마 프로젝트를 수행하기 위해 가장 일반적으로 사용하는 방법론이 DMAIC 방법론이다. 문제정의(Define), 측정(Measure), 분석(Analyze), 개선(Improve), 관리(Control)의 5단계를 거쳐 혁신 프로세스를 완료한다(노재범 외, 2005).

문제정의 단계에서는 품질혁신이 필요한 문제를 파악하게 된다. 측정단계에서는 현재의 품질 수준(Y)을 파악하고 이 수준에 이르게 하는 잠재적 원인 변수(X)를 찾게 된다. 분석단계에서는 수집된 데이터를 근거로 문제의 근본원인인 핵심인자를 찾는다. 개선단계에서는 프로세스 개선안과 문제해결책을 찾아 시행한다. 마지막으로 관리단계에서는 개선결과를 문서화하고 이를 토대로 지속적인 피드백을 시행할 계획을 수립하게 된다. 이를 위해 각 단계는 각각 세부단계로 나누어 진행되며, 각 단계에서는 필요한 활동을 수행하기 위해 다양한 도구와 통계적 기법들을 사용한다(노재범 외, 2005).

3) 인적자원관리

(1) 고용관리의 개념

고용관리는 조직의 목표를 달성하는 데 필요한 적합한 직무별 자질과 능력을 갖춘 인재를 채용하고 관리하는 것을 말한다. 즉, 조직이 필요로 하는 인재를 확보하기 위해 모집, 선발, 채용, 배치, 승진, 이동 등을 관리하는 일련의 과정이라고 할 수 있다.

(2) 고용관리를 위한 직무분석

인재모집과 선발, 승진 등은 직무분석(Job analysys)과 직무평가(Job evaluation)를 통한 객관적이고 공정한 평가야 할 것이다. 직무분석은 직무에 관한 정보를 수집하고 분석하여 직무의 내용을 파악하고 각 직무를 수행하는 데 필요한 지식, 기술, 태도 등의 요건을 분석하는 일련의 활동이다. 직무분석을 통해 인사관리를 과학적으로 하는 것으로 선발과 배치의 기준, 조직 내이동, 인사고과 반영, 교육훈련 시행, 경력개발경로 구축 등과 연계되어 있다.

(3) 직무분석의 활용

직무분석은 주로 그 분석 과정을 통해 직무기술서와 직무명세서를 작성하여 인력의 모집과 선발, 채용, 교육훈련과정 설계, 직원 관리 및 평가 등의 목적으로 활동된다. 직무분석을 통해 얻은 정보는 직무기술서와 직무명세서를 작성한 것으로, 직무기술서는 특정 직무를 수행하는 데 필요한 의무와 책임을 규정하고 기술한 것이고 직무명세서는 특정 직무를 적절히 수행하는데 요구되는 최소한의 요건을 말한다.

(4) 직무평가

직원의 업무평가 항목으로는 다음과 같은 항목 등을 확인하여 평가에 반영하는 것이 중요합니다. 인사평가 시 주의하여야 할 것은 학연, 지연, 혈연, 또는 개인적인 친분 등으로 고가에 영향을 주어선 공정한 평가가 될 수가 없다. 항상 인사 고가를 담당하는 인사 고가자는 객관성과 합리적 평가의 기준을 가져야 할 것이다.

평가 항목	평가 내용
업무지식	• 담당 직무에 필요한 지식은 물론 관련 업무의 지식도 높다. • 담당 직무에 필요한 지식은 높지만 관련 업무의 지식에 불충분한 부분이 있다.
창의력	• 항상 업무추진방법에 대해 연구개선하고 업무능률 향상에 공헌하고 있다. • 업무추진에 대해 연구개선하는 노력이 왕성하며 업무 면에 상당히 좋은 영향을 준다.
적극성	• 항상 솔선하여 의욕적으로 일하며 직장의 사기향상에도 도움이 되고 있다. • 주어진 업무에 도전하는 의욕이 왕성하다.
협동정신	• 동료와 협력하며 조직의 이익에 노력하고 있다. • 상사의 지시가 있으면 누구하고라도 적극적으로 협조하여 업무를 추진하고 있다. • 부하나 하급자에 대한 지도 또는 팀워크의 형성에도 좋은 결과를 주고 있다.
업무속도	• 속도가 뛰어났으며 긴급한 업무라도 신속 처리하여 타이밍에 맞추고 있다.
업무능력	• 업무의 정확성은 뛰어나며 믿을 수 있다. 또한, 내용도 충실하고 나무랄 데 없다. • 일의 결과가 믿을 수 있고 철저하게 뒤처리가 된다.
표현력	• 구두에 의한 표현이 능숙하며 알기 쉽고 정확하다. • 문장에 의한 표현이 능숙하며 알기 쉽고 정확하다. • 교섭을 원활하게 처리하는 능력이 뛰어나다.

규율	• 여러 가지 규칙이나 지시명령을 잘 지키고 직장 질서의 유지에 노력한다.
	• 사내에서의 언행과 차림새가 항상 깨끗하다.
보고	• 보고의 시기, 내용이 모두 적절하며 나무랄 데 없다.
근태건강	• 지각 · 조퇴 · 결근은 하지 않는다.
	• 일이 있으면 야근, 특근을 마다치 않고 열심히 마무리한다.
	• 건강이 아주 양호하고 규칙적인 생활태도를 가졌다.

(5) 인적자원 개발관리

인적자원의 능력을 최대한 발휘할 수 있도록 기회와 교육훈련을 하는 관리를 말한다. 인적자원 개발관리는 교육훈련의 필요성과 실시 방법, 피드백의 활용, 승진, 직무 순환 및 이동 등이 포함된다. 경영자는 종업원의 역량, 근무 상황 등을 고려하여 교육훈련 필요성을 도출하고 장소에 따라 직장 내 교육훈련(On-the-Job-Training)과 직장 외 교육훈련(Off-the-Job-Training) 등을 실시해야 한다.

4) 서비스 청사진(Service Blue Print)

청(Tseng) 등은 서비스 전달에 대한 잠재적 실패 가능점을 파악과 고객들이 지각하는 서비스의 핵심 요소에 대해 파악함으로써 서비스 전반에 걸친 여러 문제점에 대해 손쉽게 파악하고 해결할 수 있도록 도와주는 기법으로 정의하였다. 청사진 기법은 서비스 마케팅 분야에서 쇼스탁(Shostack)에 의해 처음 개발되었고, 제딘 킹 만 브런디지(Jane Kingman-Brundage)에 의해 서비스 전달시스템의 도식화 기법(서비스 맵)으로 더욱 확장되고 발전되었다.

쇼스탁은 1987년 연구에서 서비스업과 제조업의 환경을 '프로세스, 서비스 단계, 기능과 순서'를 기준으로 비교와 연구를 통하여 그는 청사진을 '고객을 관리해야 하는 서비스 관리자들을 위한 도구 혹은 메커니즘'이라 주장하였다. 즉, 서비스를 생산하고 제공하는 데 필요한 전 과정을 설명해 놓은 것을 의미하며, 서비스 제공자가 제공하는 무형의 서비스 프로세스를 설계하여 묘사한 것을 서비스 청사진이라고 한다.

가. 서비스 청사진 작성의 단계

① 청사진으로 나타내야 할 프로세스 정의

② 서비스를 체험하는 고객과 세분시장의 파악

③ 고객관점에서 서비스 프로세스의 도식화

④ 전방 종업원의 행동, 후방 종업원의 행동의
정의

⑤ 접점활동과 내부지원 기능의 연결

⑥ 고객행위 단계마다 서비스의 물리적 증거
추가

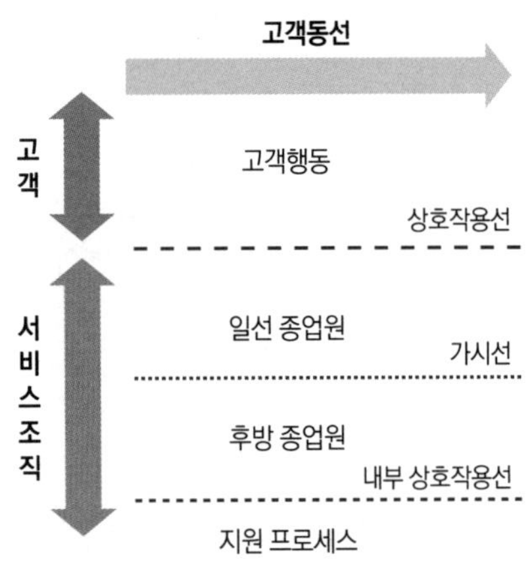

나. 서비스 청사진의 장점

① 종업원 자신의 업무와 전체 서비스 관계를 파악할 수 있어 고객 지향적 사고를 강화할
수 있다.

② 서비스 활동의 연결이 약한 서비스의 실패 점을 파악해 품질개선을 위해 노력하게 한다.

③ 고객과 종업원 사이의 상호작용선을 통해 고객 역할을 인식하게 하여 서비스를 설계
하는 데 도움을 준다.

④ 가시선은 고객이 보는 것과 고객과 접촉하는 종업원을 나타내 줌으로써 합리적인 서
비스 설계를 가능하다.

⑤ 상호작용선은 부서 상호의존성 및 부서 간 경계영역 명확화로 서비스 품질개선 기회
에 도움을 준다.

⑥ 서비스 구성요소와 연결을 명확하게 하여 전략적 토의를 쉽게 한다.

⑦ 서비스 각 요소에서 투입되는 비용과 수익 및 자본을 파악하고 평가하는 기초를 제공
해 준다.

⑧ 내부 및 외부마케팅을 위한 합리적인 기반을 제공한다.

⑨ 품질개선을 위한 상하전달을 촉진한다.

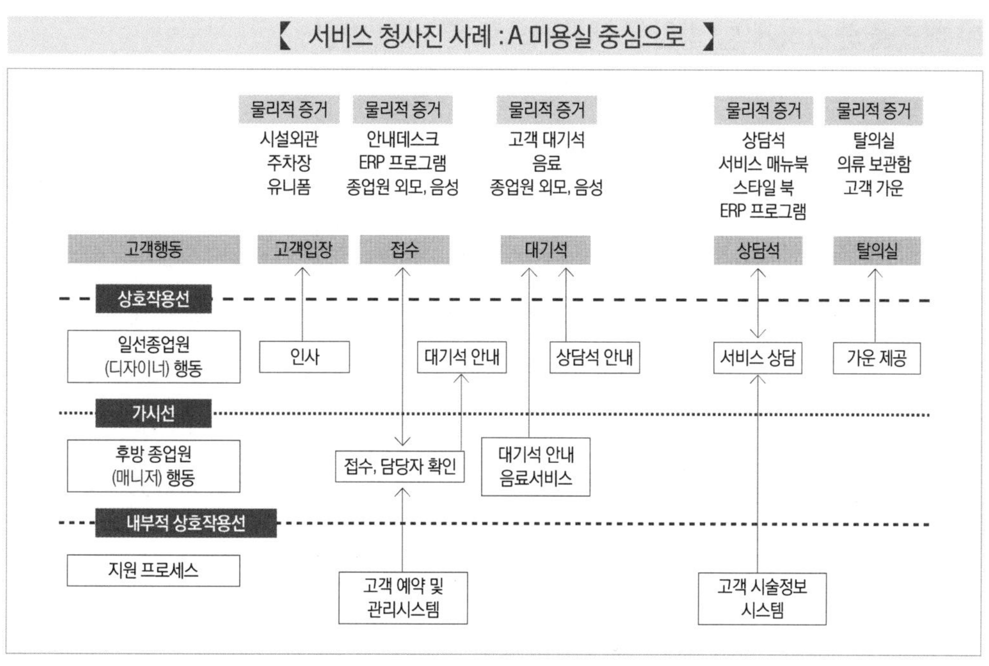

서비스 청사진 사례 : A 미용실 중심으로
물리적 증거
시설외관
주차장
유니폼
물리적 증거
안내데스크
ERP 프로그램
종업원 외모, 음성
물리적 증거
고객 대기석
음료
종업원 외모, 음성
물리적 증거
상담석
서비스 매뉴북
스타일 북
ERP 프로그램
물리적 증거
탈의실
의류 보관함
고객 가운
고객행동
고객입장
접수
대기석
상담석
탈의실
상호작용선
일선종업원
(디자이너) 행동
인사
대기석 안내
상담석 안내
서비스 상담
가운 제공
가시선
후방 종업원
(매니저) 행동
접수, 담당자 확인
대기석 안내
음료서비스
내부적 상호작용선
지원 프로세스
고객 예약 및
관리시스템
고객 시술정보
시스템

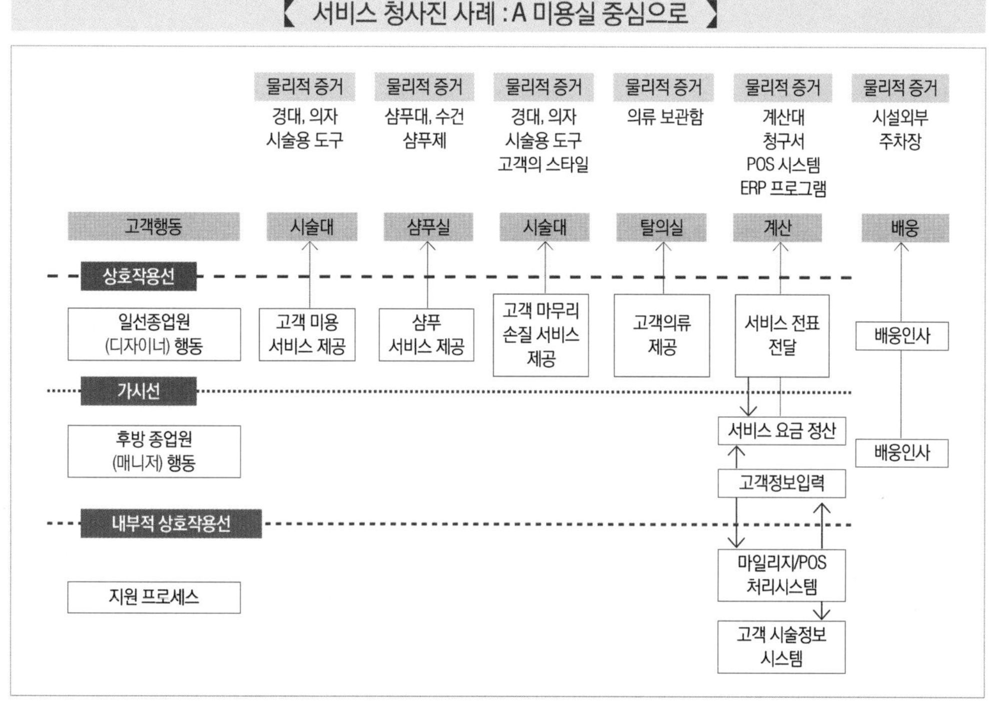

서비스 청사진 사례 : A 미용실 중심으로
물리적 증거
경대, 의자
시술용 도구
물리적 증거
샴푸대, 수건
샴푸제
물리적 증거
경대, 의자
시술용 도구
고객의 스타일
물리적 증거
의류 보관함
물리적 증거
계산대
청구서
POS 시스템
ERP 프로그램
물리적 증거
시설외부
주차장
고객행동
시술대
샴푸실
시술대
탈의실
계산
배웅
상호작용선
일선종업원
(디자이너) 행동
고객 미용
서비스 제공
샴푸
서비스 제공
고객 마무리
손질 서비스
제공
고객의류
제공
서비스 전표
전달
배웅인사
가시선
후방 종업원
(매니저) 행동
서비스 요금 정산
고객정보입력
배웅인사
내부적 상호작용선
지원 프로세스
마일리지/POS
처리시스템
고객 시술정보
시스템

5) 매출을 증가하게 할 방안은 대표적으로 두 가지 방안

① 고객 수를 증가시켜서 매출을 늘리는 방법이다.

② 객 단가를 상승시키는 것이다. 이 경우 고객의 수가 증가하지 않아도 매출은 상승하게 된다.

업종마다 차이는 있겠지만 뷰티서비스업의 경우는 사람의 손으로 이루어지는 핸드메이드업종으로 기술과 정성이 가해져야 서비스가 완성되는 특성을 가지는 업종 군 에서는 두 번째의 객 단가를 상승시키는 방안이 더욱 효과적일 것이다. 고객은 제한적이고 향후 일정 기간은 기하급수적으로 늘어날 가능성은 아주 낮다. 이러한 현 시장 흐름 속에서 더욱 안정적인 사업을 영위하기 위해서는 지속적이면서 안정된 소득을 발생시켜야 할 것이다. 그렇다고 터무니없이 높은 요금을 받으라는 것은 분명 아니다. 적정수준을 설정하여 그 이하로 과열경쟁을 하는 것은 서로서로 어렵게 만드는 길이다.

신규로 창업하는 경우가 아니라면 고객 수가 단기간 급증하는 것은 거의 불가능에 가깝다. 이러한 상황에서 가격할인 경쟁은 너무나 치열하고 그 치열한 경쟁으로 인하여 기존 사업자들은 수익성이 하락하여 경영에 어려움을 겪는 것이 현실이다. 이러한 상황을 회피하고 보다 안정적으로 경영할 수 있는 대안으로 서비스와 기술력, 고객관계 관리 등의 차별화가 절실히 필요할 것이다.

2. 점포운영 성공사례

잠실 사월의 양 박나래 대표의 살롱 매니지먼트의 마케팅 전략과 경영관리 사례를 통하여 왜 살롱 매니지먼트가 필요한지를 알아보도록 한다.

1) 살롱 매니지먼트의 3가지 원칙

① 스토리 셀링(Story + Selling)은 '브랜드 마케팅'이다.

브랜드가 고객에게 주는 가장 큰 영향은 이미지(의미)다. 고객에게 강한 이미지(의미)를 남기기 위한 전략이다.

고객은 경험의 질을 우선시한다. 의사결정을 할 때 우리는 대게 직관적으로 조언에 대한 본능적 느낌에 의존한다. 비록 사회가 논리와 이성을 최고의 가치로 인식한다 해도, 가장 중요한 의사결정을 할 때는 이것들은 신뢰할 수 있는 핵심요소가 아니다. 실제로 우리는 거의 늘 자신의 본능적 느낌을 기초로 하여 의사결정을 내린 다음, 이 느낌을 합리화할 수 있는 논리를 만들어 낸다(경제학자 스콧 웨스트). 구매의사 결정은 논리와 이성, 사실(Fact)보다 고객의 본능적 느낌(감성)에 기초한다. 즉, 고객의 의사결정을 이끌어내기 위해서는 고객의 이성보다 감성을 움직여야 한다.

② 비주얼 씽킹 : 생각과 정보를 그림으로 기록, 표현하는 것이다. 즉, '생각의 시각화'를 의미하며, 사람의 감각기관이 정보를 저장하고 처리하는 과정에서 시각이 75%를 담당하고 있다.'

비주얼 씽킹을 왜 해야 하는가? 읽는 시대에서 보는 시대, 스마트폰이 바꾼 훑어보기 문화, SNS가 만든 이미지 소통, 창조적 인재가 성공하는 시대이다. 그러므로 미래의 문맹자는 글을 읽지 못하는 사람이 아니라 이미지를 모르는 사람이 될 것이다(사진작가 나즐로 모홀리 나기).

③ 내가 브랜드 : 업에 몰입한 프로의 모습을 보여라.

2) 살롱 매니지먼트의 3가지 요소

고객관계 관리, 조직관리, 매출관리를 통하여 헤어살롱이 지속적 성장으로 발전한 실사례로 살롱 매니지먼트의 필요성과 중요성에 관하여 이야기를 한다.

(1) 매출관리

입별, 주별, 월별, 분기별 직급별 목표관리, 셀프 리더십 키우기, 기술향상, 디자이너일지, 매니저일지, 인턴일지, 고객관계 관리 등을 통한 직원, 고객, 매출 관리를 지속적으로 시행하고 있다.

(2) 조직관리

경영이념과 모토, 경영철학을 만들어 전 직원 숙지하여 소속감과 자긍심을 고취시키고 있다.

① **경영이념**(Management philosophy) : 경영자가 경영활동을 통하여 실현하고자 하는 신념, 신조, 이상, 이데올로기 등의 가치관을 말한다.

② **모토**(Motto) **만들기** : 살아 나가거나 일을 하는 데 있어서 표어나 신조 따위로 삼는 말.

③ **공유가치창출**(Creating shared value, CSV) : 지역사회 노블리스 오블리제 정신을 실천, 즉 사회에 대한 책임이나 국민의 의무를 모범적으로 실천하는 높은 도덕적 의무를 뜻한다.

예 골목청소, 매장 앞 청소, 지역사회 솔선수범

(3) 고객관계 관리

① 기념일, 고객등급별, 시즌별 관리 : 문자와 사은품을 통하여 관리한다.

생일고객 모두에게 전송되는 공동문자

초우량, 우량고객에게 추가로 보내드리는 스벅쿠폰

매년 초우량 고객님들께 연말연시에 보내드리는 선물

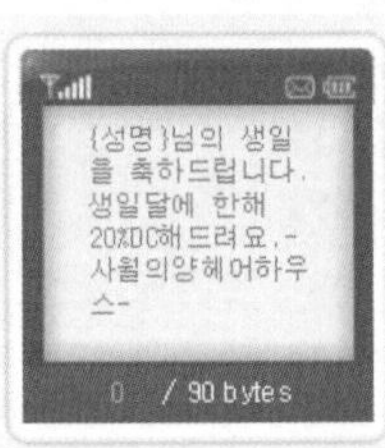

② **고객등급관리** : 만약 7월에는 초우량 고객이었는데, 8월에 고정 또는 일반고객으로 변동했다면 적신호이다. 이럴 경우 운영진들이 분담하여 대상 고객님들께 문자나 전화를 드리고 있다.

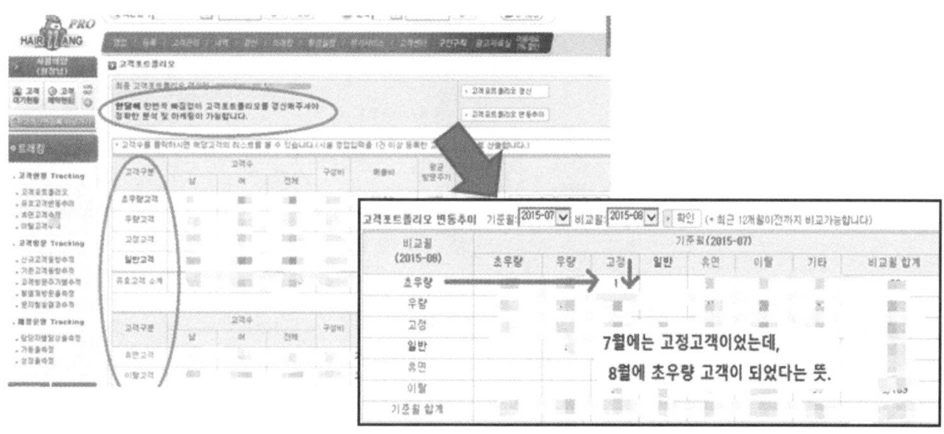

③ **휴먼고객**(이탈고객) **관리** : 이탈 고객들에게 '땡큐 쿠폰' 보낸다. 단, 조건은 질문에 응답을 주시는 분들에게만 '땡큐 쿠폰'을 보내 드린다(평균 응답률 20% → 응답자 중 재방율 10%).

④ 한 번 방문고객 단골고객으로 만들기 위한 선 작업은 한 번 고객 세 번 오게 하라!

⑤ 예약 없이 왔다가 그냥 돌아가시는 고객에게는 Sorry 쿠폰과 테이크아웃 음료서비스를 제공한다.

　이러한 다양한 고객 프로모션 제공과 서비스를 제공하고, 직원의 근무 능력과 의욕을 향상시키며, 지역사회의 공헌을 함께함으로 단기간의 성장을 가져올 수 있었다. 이는 전문적인 살롱 매니지먼트 방법과 상황에 맞는 마케팅 전략을 수립하고 적용하여 나온 결과이다.

1. 사업계획서 작성과 상권분석

1) 사업의 개념

2) 창업동기

3) 창업의지

4) 서비스의 핵심역량

5) 상권분석

(1) 소비자 분석

(2) 경쟁업체 분석

(3) 점포의 입지와 점포요소 분석

(4) 시설 인테리어

2. 서비스 청사진을 활용하여 서비스 맵 만들기

1. 사업계획서는 미래의 사업성과를 추정하면서 목표를 설정하는 것으로 창업자 입장에서는 자신의 사업방향을 정하는 나침반이며, 사업목적인 최대의 수익을 창출하기 위해서 투자, 생산, 판매. 재무 등의 추진 계획을 정리하여 작성한 보고서이다.

2. 사업계획서는 사용하고자 하는 상황에 따라 형식이나 내용 면에서 차이가 있으므로 그 용도에 따라 작성하는 것은 중요하며, 사업계획서는 남을 설득하는 것이 가장 큰 목적이다. 설득하려면 논리성을 가지는 것이 필요하다. 논리성을 바탕으로 설득하기 위해서는 사업계획서 작성 시 다음과 같은 원칙들을 고려해야 한다(이해가능성, 객관성, 일관성, 독창성).

3. 시장조사는 기업이 당면하고 있는 구체적인 상황에 적합한 관련 자료를 체계적으로 설계, 수집, 분석하여 보고하는 것이다. 따라서 시장조사는 고객의 소리(Voice of Customer)를 반영하여 마케팅 전략의 수립과 결정에 의미 있는 정보를 제공하는 것이 목적이다

4. 상권분석은 개점을 하고자 하는 위치에서 거리를 통한 환산과 고객의 유입 수를 통하여 나누는데, 1차 상권은 반경 500m 내의 상권으로 유입고객의 60% 정도가 거주하는 지역, 2차 상권은 1km 내의 상권으로 유입곡개의 25% 정도가 거주하는 지역, 3차 상권은 위의 두 지역에 해당하지 않는 상권을 포괄적으로 말한다.

5. 서비스 품질이란, 정보, 경험, 기업 이미지, 개인적 요구 등에 근거하여 서비스 기업이 제공할 것이라고 기대한 서비스와 제공 받은 서비스에 대해 인지한 서비스를 평가기준에 의해 비교한 것이라고 정의할 수 있다.

6. 6시그마(six sigma)란, 100만 개의 제품 중 3~4개의 불량만을 허용하는 3~4PPM(Parts Per Million) 경영, 즉 품질 혁신 운동을 말한다.

7. 고용관리는 조직의 목표를 달성하는 데 필요한 적합한 직무별 자질과 능력을 갖춘 인재를 채용하고 관리하는 것을 말한다. 즉, 조직이 필요로 하는 인재를 확보하기 위해 모집, 선발, 채용, 배치, 승진, 이동 등을 관리하는 일련의 과정이라고 할 수 있다.

8. 서비스 청사진은 서비스 전달에 대한 잠재적 실패가능 점을 파악과 고객들이 지각하는 서비스의 핵심 요소에 대해 파악함으로써 서비스 전반에 걸친 여러 문제점에 대해 손쉽게 파악하고 해결할 수 있도록 도와주는 기법으로 정의하였다.

부록

뷰티서비스 고객관리와 경영관리 문제 풀이

뷰티서비스
고객관리와
경영관리

01 관리자의 관리업무를 하기 위한 세 가지 업무에 속하지 않는 것을 고르시오.

① 전문적 기술　　　② 인간관계적 기술　　　③ 개념적 기술　　　④ 정보통신 기술

02 매장을 성공시키는 요소로 알맞지 않은 것을 고르시오.

① 조직관리　　　② 자기관리　　　③ 고객관계 관리　　　④ 서비스관리

03 CRM에 관해 설명하세요.

____

____

04 바르게 짝지어진 것을 모두 고르시오.

① 1970년대 - 생산우선시대　　　② 1980년대 - 판매우선시대

③ 1990년대 - 고객중심시대　　　④ 2000년대 - 마케팅시대

해설 1990년대 : 마케팅시대, 2000년대 : 고객중심시대

05 고객관계 관리에 대한 설명으로 알맞은 것을 고르시오.

① 고객관계 관리는 기존고객들을 위한 데이터베이스이다.

② 기존고객보다 신규고객을 창출해야 한다.

③ 효과적인 고객관계 관리는 반복구매율의 증가가 이루어져야 한다.

④ 신규고객보다 기존고객을 관리하는 것이 마케팅 비용이 더 소모된다.

정답

01 ④　　**02** ②　　**03** CRM - Customer Relationship Management의 첫 글자로 고객과의 관계를 관리한다는 의미이다.　　**04** ①, ②　　**05** ③

06 고객 분류에 따른 고객관계 관리에 대한 설명으로 알맞지 않은 것을 고르시오.

① 신규고객 - 고객만족수준 조사와 기업이미지 전달

② 재방문(사용)고객 - 고객에 대한 인지 및 친밀감 유발, 다양한 이벤트 제공

③ 단골고객 - 고객의 기호에 맞는 차별화 서비스 제공

④ 잠재고객 - 상품에 대한 적극적 홍보와 우대정책 및 통합관리 시작

해설 우대정책 및 통합관리는 단골고객에 따른 고객관계 관리

07 신규고객의 선정기준으로 알맞은 것을 고르시오.

① 선천적 충성도, 수익성, 적합성　　　　② 수익성, 적합성, 이탈성

③ 선천적 충성도, 이탈성, 적합성　　　　④ 수익성, 우대성, 적합성

08 LTV에 관해 설명하시오.

09 데이터마이닝의 설명으로 알맞지 않는 것을 고르시오

① 데이터마이닝의 작업을 통하여 매출상승의 효과를 가져올 수 있다.

② 자료가 많으면 많을수록 더 좋은 효과를 가져올 수 있다.

③ 데이터마이닝의 작업을 통해 상품들의 상관관계를 알 수 있다.

④ 데이터마이닝은 가치 있는 정보를 찾아내는 탐색과정 및 방법을 의미한다.

해설 자료가 많으면 많을수록 오히려 데이터 마이닝의 예견 능력을 떨어뜨릴 수 있으므로 최적의 결과를 산출할 수 있는 의미 있는 자료의 확보가 필요하다.

정답

06 ④　　**07** ①　　**08** 고객평생가치(LTV)는 한 고객이 한 기업의 고객으로 존재하는 전체기간 동안 기업에게 제공할 것으로 추정되는 재무적인 공헌도의 합계이다.　　**09** ②

10 STP 전략에 대해 설명하시오.

____

____

11 서베이(Survey)의 장점으로 알맞은 것을 고르시오.

① 계량적 방법으로 분석하여 객관적으로 해석할 수 있다.

② 깊이 있고 복잡한 질문을 하기가 쉽다.

③ 응답률이 높다.

④ 빠른 시간으로 서베이를 진행할 수 있다.

12 서베이(Survey)의 단점으로 알맞은 것을 고르시오.

① 대규모 조사를 진행할 수 없다.

② 부정확하고 성의 없는 응답을 할 가능성이 있다.

③ 자료의 코딩, 분석이 쉽지 않다.

④ 대규모표본으로 조사결과를 일반화할 수 없다.

13 고객관계 관리주기는 고객확보, 고객유지, (　　　)의 단계로 구분할 수 있다.

① 우대고객화　　　　② 평생고객화　　　　③ 잔재고객화　　　　④ 잔재고객화

해설 고객관계 관리 주기는 고객확보, 고객유지, 평생고객화의 단계로 구분한다.

14 신규고객 선정기준으로는 이탈성, 수익성, 적합성 등이 있다. (○ / ×)

해설 신규고객 선정 기준은 선천적 충성도, 수익성, 적합성

정답

10 Segmentation Targeting Positioning의 첫 알파벳을 따서 STP 전략이라고 한다.　　**11** ①　　**12** ②　　**13** ②
14 ×

15 고객 불만 처리요령 중 가장 우선적으로 이루어져야 할 것은?

① 경청 　　　　② 공감 　　　　③ 사과 　　　　④ 통보

해설 고객 불만을 처리하기 위해서는 가장 먼저 경청하는 자세가 필요하다.

16 창업에서의 고객관계 관리는 바로 '개점'을 준비하는 것이다. (○ / ×)

해설 창업에서의 고객관계 관리란 매출을 올려주는 고객을 많이 확보하는 것이다.

17 효과적인 고객관계 관리는 입소문 효과, 충성고객 유치 등 부가적인 효과를 얻을 수 있다.
(○ / ×)

해설 고객평생가치(LTV)는 한 고객이 한 기업의 고객으로 존재하는 전체기간 동안 기업에게 제공할 것으로 추정되는 재무적인
공헌도의 합계이다.

18 서비스와 제품의 차이에 대한 설명으로 알맞은 것을 고르시오.

① 서비스는 재고가 있다. 　　　　② 서비스는 소유가 가능하다.

③ 서비스는 단가가 높으므로 비싸다. 　　　　④ 서비스는 형체가 없다.

19 고객의 이탈원인으로 알맞지 않은 것을 고르시오.

① 제품이 나빠서 이탈하는 경우
② 직원의 실수나 태도로 인해 이탈하는 경우
③ 직원의 친절이 부담스러워 이탈하는 경우
④ 고객의 사망으로 인해 이탈하는 경우

 정답

15 ①　　16 ×　　17 ○　　18 ④　　19 ③

20 고객서비스에 대한 설명으로 알맞지 않은 것을 고르시오.

① 매러비안차트에서 첫인상의 가장 많은 부분을 차지한 것은 직원의 언어수준이다.

② 고객은 서비스 받기 전 기대했던 기대치보다 서비스 받고 난 후의 만족도가 높을 때 고객들이 인식하게 된다.

③ 나와 고객의 입장의 차이를 생각하여야 최상의 서비스가 가능하다.

④ 의상, 제스처 등 시각적인 효과는 서비스에서 가장 중요한 부분이다.

해설 매러비안차트에서 첫인상의 가장 많은 부분을 차지한 것은 직원의 시각적 이미지다.

21 고객응대를 위한 목소리 관리법에 대한 설명이다. (○ / ×)

> **보기**
>
> "애교 섞인 콧소리로 이야기한다."

해설 밝은 목소리로 생동감 있게 이야기한다. 날카로운 음성은 자제한다. 발음은 정확하게 하고 목소리는 낮게 한다.

22 서비스와 제품의 차이에 관한 설명으로 옳은 것은?

① 서비스는 제품과 달리 형체가 없다.

② 서비스는 제품과 달리 원가가 들지 않으므로 매우 저렴하다.

③ 서비스는 회사의 이름으로 하는 행위이므로 소유할 수 있다.

④ 서비스는 회사의 이름으로 하는 행위이므로 소유할 수 있다.

해설 서비스는 제품과 달리 형체가 없다. 제품은 재고관리가 중요한 관리항목 중 하나이나 서비스는 재고가 없다. 제품은 유통 및 판매를 위해 이동이 필요하나 서비스는 이동성이 없다.

23 고객을 잃는 원인이 아닌 것은?

① 사방 / 이동　　　② 무관심 / 태도　　　③ 과도한 친절　　　④ 과도한 친절

해설 사망, 이동, 경쟁 등으로 고객이 이탈하는 경우. 태도(즉, 무관심). 가격 등 이 원인

정답

20 ①　**21** ×　**22** ①　**23** ③

24 보기 중에 가장 많은 퍼센트를 차지하는 것은?

> **보기**
>
> 다음은 American Society for Quality Association : ASIC(미국품질관리학회)에서 각 산업에 종사하는 경영자들을 대상으로 한 설문 조사 결과에 따른 서비스기업이 고객을 잃는 이유이다.

① 서비스상의 문제　　② 상품의 질　　　③ 친구의 권유　　　④ 이사

해설 서비스상의 문제 68%, 상품의 질 14%, 친구의 권유 5%, 이사 3%, 경쟁사의 회유 9%, 사망 1%

25 사람을 처음 만났을 때 형성되는 이미지에 대해 정리한 매러비안 차트에서 가장 많은 부분을 차지하는 이미지는 무엇인가?

① 시각적 이미지　　② 청각적 이미지　　③ 말의 내용　　　④ 지적 수준

해설 시각적 이미지는 55%, 청각적 이미지 38%, 지적 수준 7%

26 보기의 설명은 어떤 효과를 나타내는 것인가?

> **보기**
>
> 다음은 American Society for Quality Association ﹕ASQC(미국품질관리학회)에서 각 산업에 종사하는 경영자들을 대상으로 한 설문 조사 결과에 따른 서비스기업이 고객을 잃는 이유이다.

① 초두효과　　　　② 부정성 효과　　　③ 후광 효과　　　④ 맥락 효과

해설 부정성의 효과는 사람과의 첫 대면에서 나쁜 이미지를 상대에게 심어준다면 그 이미지는 잘 지워지지 않을 뿐만 아니라 그 사람이 가진 좋은 이미지마저도 나쁜 이미지에 가려 잘 지워지지 않아 전체적으로 부정적인 모습으로 각인되는 효과

27 다음 중 시간, 장소, 상황에 맞는 인사로 적절하지 않은 것은?

① 앉아 있을 때 : 상급자인 경우 일어서서 인사하는 것이 원칙이다.

② 전화통화 중일 때 아는 사람을 만났을 경우 : 중요한 전화가 아니라면 상대에게 양해를 구한 후 전화를 끊고 인사를 나눈다.

정답

24 ①　**25** ①　**26** ②　**27** ③

③ 하루에 여러 번 상대와 마주칠 경우 : 자주 마주칠 경우에는 인사를 하지 않는다.

④ 하루에 여러 번 상대와 마주칠 경우 : 자주 마주칠 경우에는 인사를 하지 않는다.

> 해설 하루에 여러 번 상대와 마주칠 경우 : 자주 마주칠 경우에는 간단한 목례를 하는 것이 예의이다.

28 TPO 인사법에 관해 설명하시오.

29 인사의 종류는 크게 4가지(목례, 약례, 보통례, 정중례)로 나뉜다. 다음 상황에서는 어떤 인사를 해야 할까?

> **상황**
>
> 동네에서 이웃 어른들을 만날 때나 직장에서 복도나 계단을 지나치며 상사나 동료들을 만날 때 "안녕하십니까?" 또는 "반갑습니다." 라고 인사말을 한다.

① 목례   ② 약례   ③ 보통례   ④ 정중례

> 해설 약례는 약식 인사로 말 그대로 눈인사보다는 더 정중하나, 보통례보다 좀 더 단순한 인사다.

30 다음 중 바른 인사법이 아닌 것은?

① 다리 : 양다리를 가지런히 모은다.

② 등, 허리 : 등과 목의 선이 일직선이 되게 허리를 굽히고, 상대방의 속도에 맞추어 천천히 편다.

③ 손 : 손을 가볍게 쥐고 바지의 옆 재봉선에 댄다. (여성은 왼손이 위로 가게 손을 모은다.)

④ 손 : 손을 가볍게 쥐고 바지의 옆 재봉선에 댄다. (여성은 왼손이 위로 가게 손을 모은다.)

> 해설 여성은 오른손이 위로 가게하고, 남성은 바지 옆 재봉선에 대고 인사한다. 여성이 왼손을 위로 올릴 때는 흉사가 있을 때이다.

 정답

28 T(Time) P(Place) O(Occasion)   **29** ②   **30** ③

31 인사의 종류에 설명으로 알맞은 것을 고르시오.

① 목례 : 눈인사보다는 정중하나, 보통례 보다는 단순한 인사를 말한다.

② 약례 : 가장 가벼운 인사로 말없이 고개를 끄덕이며 눈으로 하는 인사를 말한다.

③ 보통례 : 일반적으로 하는 인사로, 연배가 비슷한 사람들끼리 나누는 인사를 말한다.

④ 정중례 : 나보다 나이가 적은 사람에게 나누는 인사를 말한다.

32 바른 인사법으로 알맞지 않은 것을 고르시오.

① 다리는 가지런히 모은 상태

② 여성의 손은 왼손이 위로 가게 모은다.

③ 약 30도 정도 숙여 2~3초 정도 유지한 후 고개를 든다.

④ 표정은 밝은 표정으로 입의 양 꼬리가 올라가게 한다.

> **해설** 여성은 오른손이 위로 가게 모아야 한다.

33 다음 중 경청을 할 때의 바른 태도가 아닌 것은?

① 얼굴을 쳐다본다.

② 상체를 45° 정도 기울인다.

③ 고개 끄덕 끄덕이고 눈썹을 움직인다.

④ 상대방이 말하지 않은 마음속 깊은 내용까지 들으려고 노력한다.

> **해설** 상체를 5° 정도 기울입니다. 상체를 앞으로 기울여 고객의 말을 듣게 되면 적극적으로 듣고 있다는 생각이 든다.

34 고객이 서비스하지 않는 물품을 요구할 때 "안 됩니다. 저희는 서비스하지 않는데요."라고 말한다. (O, X)

> **해설** 고객의 적대적 의식을 우호적으로 만들어 기분 좋은 끝마무리를 하기 위해 적극적인 해결방안으로 고객에게 좀 더 친근감 있게 다가설 수 있도록 해야 한다.

정답

31 ③　**32** ②　**33** ②　**34** ×

35 경청할 때의 올바른 태도로 알맞지 않은 것을 고르시오.

① 상체를 30도 정도 숙여 경청한다.

② 눈썹을 움직여 적극적으로 듣고 있다는 표시를 한다.

③ 상대의 얼굴을 쳐다보며 고개를 끄덕인다.

④ 마음속 깊은 내용까지 들을 수 있도록 한다.

해설 상체를 5도 정도 숙여 경청한다.

36 대화 시 123의 법칙에 알맞은 것을 고르시오.

① 상대방의 1분간 이야기를 들어주고, 내가 2분간 이야기한다.

② 내가 1분간 이야기하고 3분간 이야기를 들어준다.

③ 내가 1분간 이야기하고, 2분간 상대방의 이야기를 들어준다.

④ 상대방이 3분간 이야기를 하면 내가 2분간 이야기를 한다.

해설 123의 법칙은 1분간 내가 이야기하면 2분간 상대방의 이야기를 들어주고 그 시간 동안 3번 이상 눈을 맞춘다. 이것이 123
의 법칙이다.

37 질문의 형식과 종류 중 폐쇄적 질문에 대한 설명으로 알맞지 않은 것을 고르시오.

① 한마디로 답이 되는 질문이다.

② 토론을 차단할 소지가 있다.

③ 깊이 생각하지 않고 바로 답할 수 있는 질문이다.

④ 예/아니요 이상의 답이 요구되는 질문이다

해설 예 / 아니요 이상의 답이 요구되는 질문은 개방적 질문이다.

 정답

35 ①   36 ③   37 ④

38 질문의 형식과 종류 중 개방적 질문에 대한 설명으로 알맞지 않은 것을 고르시오.

① 둘 이상의 답이 있는 질문이다.

② 예 / 아니요로 대답할 수 있는 질문이다.

③ 생각을 자극하는 질문이다.

④ 무엇을? 어떻게? 언제? 왜? 로 시작되는 질문이다.

해설 예 / 아니요 이상의 답이 요구되는 질문은 개방적 질문이다.

39 올바른 화법 사용에 대한 설명으로 알맞은 것을 고르시오.

① 명령형의 화법보다 의뢰형이나 청유형 화법을 사용해야 한다.

② 명령형의 화법은 고객에게 좋은 이미지를 심어줄 수 있다.

③ 부정형의 화법은 고객과의 친근감 형성에 좋다.

④ 거절할 때는 부정형 화법을 사용해야 한다.

40 올바른 경어의 사용법으로 알맞은 것을 고르시오.

① "엘레베이터를 타시고 이동하실 게요."

② "아동복은 3층이십니다. 안타깝지만 내일부터 세일이십니다."

③ "어서 오십시오. 덥습니다. 여기 가운데 탁자가 가장 시원합니다."

④ "여기서 기다리시면 안쪽에서 이름을 부르실 게요."

41 쿠션언어의 대한 설명으로 알맞지 않는 것을 고르시오.

① 쿠션언어란 없어도 상관없지만, 사용 시 언어의 부드러움을 느낄 수 있어 좋다.

② 쿠션언어는 부탁을 들어줄 때 사용하는 말이다.

③ 쿠션언어란 '실례합니다만,' '괜찮으시다면,' 과 같은 언어를 말한다.

④ 쿠션언어는 단호함보다 미안함을 먼저 표현하는 방법이다.

해설 쿠션언어는 부탁을 거절해야 할 경우나, 부탁을 해야 하는 경우, 의뢰하는 경우, 반론하는 경우 등에 쓰인다.

 정답

38 ②	39 ①	40 ③	41 ②

42 매슬로우의 욕구 5단계 중 알맞지 않는 것을 고르시오.

① 생리적 욕구   ② 안전의 욕구

③ 사회적 욕구   ④ 탐욕적 욕구

43 보기를 보고 매슬로우의 욕구 5단계 이론 중 알맞은 것을 고르시오.

> **보기**
>
> 타인에게 인정받고자 하는 욕구이다.

① 존경의 욕구   ② 자아실현의 욕구

③ 사회적 욕구   ④ 안전의 욕구

44 전화의 특성으로 알맞지 않은 것을 고르시오.

① 전화의 특성상 음성에 의존한다.

② 상대의 상황을 고려하지 않는 일방성을 가지고 있다.

③ 사용시간에 따라 경비가 발생한다.

④ 보안성이 있다.

해설 전화는 보안성이 없다.

45 항의 전화를 받았을 때의 대처 요령으로 알맞지 않은 것을 고르시오.

① 고객의 감정이 상하지 않도록 불만내용을 들어준다.

② 최선의 해결책을 제안한다.

③ 일이 꼬였을 땐 다른 사람이 나서서 해결하는 것이 좋을 때가 있다. 새로 나서는 사람은 직위가 낮을수록 효과가 있다.

④ 책임감을 느끼고 전화를 받는 사람의 소속과 이름을 밝힌다.

해설 직위가 높을수록 효과가 있을 수 있다.

정답

42 ④	43 ①	44 ④	45 ③

46 고객과의 첫 만남에 대하여 가장 알맞은 것을 고르시오.

① 고객과의 첫 만남에서 적극적으로 제품 홍보를 한다.

② 우량고객이 될 수 있는지를 먼저 파악하여 행동한다.

③ 판매를 위해서는 과장되게 말할 수 있다.

④ 고객과의 첫 만남에선 신뢰감을 어떻게 얻을 것인가에 초점을 맞춰야 한다.

47 보기를 보고 알맞은 것을 고르시오.

> **보기**
>
> "사람의 첫 인상은 최초 4분간 결정된다."

① 드닌 　　　　　　　　　② 매슬로우

③ 피터 드러커 　　　　　　④ 지라드

48 보기를 보고 맞으면 ○, 틀리면 ×를 하시오. (○ / ×)

> **보기**
>
> 어느 고객이든 제기할 수 있는 객관적인 문제점에 대한 고객의 지적이다. 제공된 음식에 머리카락, 수세미 등 기타 이물질이 들어있는 경우나 필요한 식기류 등이 제공되어 있지 않을 경우 이런 경우를 컴플레인이라고 한다.

해설 클레임이라고 한다.

49 존 굿맨의 법칙으로 알맞지 않은 것을 고르시오.

① 토로의 효과 　　　　　　② 구전의 효과

③ 교육의 효과 　　　　　　④ 충족의 효과

정답

46 ④　**47** ①　**48** ×　**49** ④

50 불만족한 고객에 대해 대응자세 및 상담기법에 대한 설명으로 알맞지 않은 것을 고르시오.

① 개방형 질문을 하여 고객이 원하는 방법을 알아본다.

② 공감하며 고객의 말을 경청하여 듣는다.

③ 단호한 목소리로 업체의 입장부터 설명한다.

④ 부드러운 목소리로 고객의 편에 서서 응답한다.

51 보기를 보고 맞으면 ○, 틀리면 ×를 하시오. (○ / ×)

> **보기**
>
> 컴플레인을 표현하는 고객의 유형의 종류는 직접컴플레인유형, 수동적·관망자적유형, 주변인에게 전달하는 고객유형, 행동파유형으로 크게 4가지로 구분된다.

정답

50 ③　**51** ○

01 한 회계 기간에 발생한 비용항목과 수익항목을 기재하여 당해 기간의 순이익 혹은 순손해를 표시하는 표시한 재무제표를 무엇이라고 하는가?

① 이익계산서   ② 손실계산서   ③ 손익계산서   ④ 손익 계산표

해설 손해와 이익을 계산

02 일정 기간의 매출액과 그 매출을 위해 소요된 모든 비용이 일치되는 점을 말하며 투입된 비용을 완전히 회수할 수 있는 매출액이 얼마인가를 나타내는 것은 무엇인가?

① 이익 포인트   ② 손실 분기점   ③ 손익 한계점   ④ 손익 분기점

03 일정 기간 영업 활동의 생산자 조업이나 판매자의 매출액 변동과 관계없이 항상 일정액으로 발생하는 원가 즉 비용을 무엇인가?

① 비용   ② 생산비용   ③ 판매비용   ④ 고정비용

해설 매출에 관계없이 고정되게 발생되는 비용

04 판매량(생산량)의 증감에 따라 발생되는 비용이 변화되는 것은 무엇인가?

① 증가비용   ② 판매비용   ③ 변동비용   ④ 총 비용

해설 매출에 따라 커지기도 작아지기도 하는 변동적인 비용

05 어떠한 시설 · 기계(재화)를 사용함에 따라 가치가 하락하게 되는데 이를 매달 비용으로 보아 금액으로 환산하여 비용으로 처리하는 것을 무엇이라 하는가?

① 시설비   ② 기계대금   ③ 감가상각   ④ 사용료

정답

01 ③   **02** ④   **03** ④   **04** ③   **05** ③

06 시설 투자금이 8,000만 원이라고 가정했을 때 감가상각비를 구하시오.

(산출식을 함께 쓰시오)

---

07 여러 선택 중에서 한 가지를 선택했을 때 포기한 대안 가운데 가장 좋은 한 가지의 가치를 뜻하며 어떠한 기회를 획득하기 위해서 발생 되거나 손실되는 부분을 비용으로 처리하는 것은 무엇인가?

① 선택 비용　　　　② 기회비용　　　　③ 획득 비용　　　　④ 손실 비용

08 법인의 경우 법인의 대표자도 회사로부터 급여를 지급 받는다　 이와 마찬가지로 개인사업자도 회사가 대표자에게 급여를 지급하는 형태로 회계 처리하는 것을 무엇이라 하는가?

① 자기임금　　　　② 대표임금　　　　③ 개인비용　　　　④ 급여 지급

해설 회사 대표인 본인이 본인에게 지급하는 급여

09 기업의 환경 분석을 통해 강점(Strength)과 약점(Weakness), 기회(Opportunity)와 위협(Threat) 요인을 규정하고 이를 토대로 전략을 수립하는 기법을 무엇이라 하는가?

① 환경 분석　　　　② STP 전략　　　　③ SWOT 분석　　　　④ 요인별 분석

10 개인 서비스업의 경우(미용 업)매출 향상을 위한 방안 중 한 가지는 고객의 수를 늘이는 것이다. 그렇다면 나머지 한 가지는 무엇인가?

① 원가절감　　　　② 객 단가상향　　　　③ 직원의 구조조정　　　　④ 신 메뉴 개발

해설 고객 한 명당 요금이 올라가면 결과적으로 매출이 상승된다.

정답

06 139페이지 「감가삼각비」내용 참고　　**07** ②　　**08** ①　　**09** ③　　**10** ②

11 SWOT 분석에서 내부요인으로 분류되는 것은 무엇과 무엇인가?

① 강점, 기회　　　② 강점, 약점　　　③ 기회, 위협　　　④ 약점, 위협

해설 내부요인은 자기의지로 조절이 가능하다.

12 SWOT 분석에서 스스로 컨트롤할 수 없으며 정치, 사회, 문화적인 영향을 받는 요인은 무엇과 무엇인가?

① 강점, 약점　　　② 약점, 위협　　　③ 기회, 위협　　　④ 강점, 기회

13 경영개선을 위해서는 두 가지 방안이 있다고 했는데 각각 무엇인가?

① 매출 향상, 비용절감　　　　　② 매출극대화, 인력유지

③ 비용절감, 인력감축　　　　　④ 매출 유지, 서비스 축소

해설 경영개선을 위해서는 비용을 절감하고 매출을 늘여야 한다.

14 매출을 향상하게 하는 방안 두 가지는 무엇인가?

① 서비스 확대, 대량 홍보　　　　② 객 단가상향, 고객 수 증가

③ 고객 수 증가, 서비스 확대　　　④ 대량 홍보, 고객 수유지

해설 고객당 단가가 높아지거나 고객의 숫자가 많아지거나

15 매출을 구성하는 요인은?

① 테이블 단가×고객 수　　　　　② 테이블 단가×객 단가

③ 고객 수×객 단가　　　　　　　④ 객 단가×회전율

해설 매출 → 고객 수×객 단가 또는 테이블단가*×회전율

정답

11 ②　　**12** ③　　**13** ①　　**14** ②　　**15** ③

16 매출총액 - 매출원가 = ?

① 영업이익　　　　　　　　　　② 경상이익

③ 매출이익　　　　　　　　　　④ 순이익

해설 매출총액에서 원가를 제외하고 남은 이익은 매출이익 또는 매출 총이익이라고 한다.

17 점포의 경영체질 체크(매출 총 이익과 영업이익 비교)사항 중에 경영을 잘하는 점포가 가지는 속성으로 맞는 것은 무엇인가?

① 매출 총이익 多, 영업이익 多　　　② 매출 총이익 多, 영업이익 小

③ 매출 총이익 小, 영업이익 多　　　④ 매출 총이익 多, 영업이익 小

해설 매출총이익 多, 영업이익 多 : 돈을 잘 버는 점포- 이익체질형, 매출총이익 多, 영업이익 小 : 경영이 서투른 점포- 방만경영형, 매출총이익 小, 영업이익 多 : 경영을 잘 하는 점포- 철저한 내부 관리 형, 매출총이익 小, 영업이익 小 : 위험한 점포- 만성적자 형

18 점포 경영 체질 4가지를 쓰고 각각에 대한 설명을 하시오.

정답

16 ③　　**17** ③　　**18** 이익체질형은 매출도 높고 그에 따른 이익도 많은 경우이다. 물론 이러한 점포에는 직접 방문해 보면 그럴만한 이유가 분명히 있다. 이런 경우는 소위 돈 잘 버는 점포이다. 내부관리형은 상대적으로 매출은 적지만 내부적으로 비용의 효율적 배분 등을 통하여 매출 대비 이익을 극대화 시키는 점포이다. 이러한 점포의 특징은 대표가 관리능력이 탁월한 경우이다. 방만경영형을 보면 매출은 많은데 실제 이익은 현저히 적은 경우다. 이런 점포의 특성은 대표의 자금관리 능력 부재와 비용의 적정성을 평가해 보지 않는다는 것이다. 만성적자형의 경우는 매출도 적고 이익도 적은 경우이다. 이런 경우는 10의 9는 시급히 점포를 정리하는 것이 바람직할 것이다. 외부적인 요소로 인한 매출 부진의 경우는 이를 극복하기가 쉽지 않다.

19 커트 작업의 시술 시간이 준비에서 스타일 마무리까지 아래와 같이 소요되었다. 표준 작업시간을 계산하여 기준에게 맞는 디자이너를 고르시오.

> **보기**
>
> < 시술 총 시간 / 5명 = 평균 시술 시간 >
>
> A 디자이너 - 23분 B 디자이너 - 25분 C 디자이너 - 15분
>
> D 디자이너 - 32분 E 디자이너 - 20분

해설 작업시간의 합계 115분 / 5 = 23분이므로 A, C, E 디자이너이다.

20 작업과정의 능률을 극대화하기 위하여 시간연구와 동작연구를 기초로 노동의 표준량을 정하고, 임금을 작업량에 따라 지급하는 시스템을 무엇이라고 하나?

① 테일러 시스템 ② 표준화 시스템 ③ 책임 시스템 ④ 분업화 시스템

21 근로자가 자신이 속하는 집단에 대해서 갖는 감정, 태도, 심리조건, 사람과 사람의 관계 즉, 노동 생산성을 향상시키기 위해서는 인적 환경을 개선하는 것이 필요하다는 결론을 낸 실험은 무엇인가?

① 인적 실험 ② 인성 실험 ③ 호손 실험 ④ 호감실험

22 직무만족도가 높은 직원은 직무성과가 높게 나타난다. 그렇다면 직무만족도를 높이기 위해서 어떻게 해야 하나?

① 기업의 대표는 직원에게 시간당 생산량을 준수하도록 교육한다.

② 효율적인 업무를 위해 일정 부분의 권한을 위임한다.

③ 출근과 퇴근시간을 정확하게 해 준다.

④ 정해진 식사 시간을 보장해 준다.

해설 권한의 위임을 업무에 대한 책임감을 갖게 한다. 할 수 있는 권한이 있을 때 직무만족도가 높아진다.

정답

19 5명 **20** ① **21** ③ **22** ②

23 고객의 구매활동에 있어 제품을 고객에게 알리고 구매하도록 설득하여 구매를 유도하도록 인센티브 등을 제공하는 전 방위적이며 공격적인 활동을 무엇이라 하나?

① 프로모션　　　　　　　　　　② 마케팅 커뮤니케이션
③ 판매촉진　　　　　　　　　　④ 쌍방향 커뮤니케이션

24 마케팅 커뮤니케이션 믹스에서의 4가지 요소는 무엇인가?

① 제품, 가격, 유통, 촉진　　　　② 제품, 유통, 촉진, 서비스
③ 판매, 유통, 서비스, 광고　　　④ 유통, 광고, 촉진, 제품

해설 4P는 제품, 가격, 유통, 촉진이다.

25 소비자의 행동과 태도에 영향을 줄 목적으로 신문 혹은 방송 등의 광고매체를 통하여 유료로 정보를 전달 활동하는 것을 무엇이라 하나?

① 통신　　　　　② 촉진　　　　　③ 광고　　　　　④ 서비스

해설 광고는 소비자의 행동과 태도에 직접 영향을 준다.

26 관여도란 무엇인지 설명하고 고관여 제품과 저관여 제품을 한 가지씩 쓰고 이유를 설명하시오.

27 시장세분화, 타켓팅, 포지셔닝으로 나뉘는 마케팅의 대표적인 전략은 무엇인가?

① 마케팅 커뮤니케이션　　　　　② STP 전략

③ 시장 공략 전략　　　　　　　④ SW전략

해설 STP 전략은 세분화, 타켓팅, 포지셔닝 을 단계적으로 해나가는 전략이다.

28 고객의 여러 가지 욕구 또는 요구로 고객을 세분화하여 특정 그룹에 집중하는 마케팅의 방법을 무엇이라 하나?

① 타깃팅　　　　　② 마케팅　　　　　③ 세분화 전략　　　　　④ 집중 마케팅

해설 화살을 타깃에 쏜다.

29 고객이 원하는 바를 개인비서처럼 챙겨주는 호텔 서비스가 일반 기업의 마케팅에 접목된 것을 무엇이라 하나?

① 비서 마케팅　　　　　　　　② 컨시어지 마케팅

③ 수행 마케팅　　　　　　　　④ 서비스 마케팅

해설 호텔에서 컨시어지는 고객이 원하는 거의 모든 것을 알아봐 주고 도와준다.

30 고객이 특정 회사의 제품 중에서 일부의 제품만을 구입하는 현상을 의미하며 이 때문에 시장에는 소비자에게 소외된 여러 품종이 남게 되어 판매자의 생산성을 저하하는 등 부정적 영향을 미치는 것은 무엇인가?

① 체리 피킹　　　　　　　　　② 소수 구매

③ 타켓팅　　　　　　　　　　④ 선별 구매

해설 체리과수원에서 가장 탐스러운 체리 몇 개만을 따게 되면, 나무에는 판매가치가 떨어지는 체리들만 남게 되는 것과 같아서 이런 현상을 보고 체리 피킹 이라고 한다.

정답

| 27 ② | 28 ① | 29 ② | 30 ① |

뷰티서비스
고객관리와
경영관리
Customer and Business Management of Beauty Service

부록 2

실기문제

보기

어느 미용실에서 펌 시술요금이 50,000원이다. 펌을 하기 위해서 소요되는 재료비는 10,000원이다. 이 미용실은 매월 2,000,000원의 집세(고정비용)를 지불한다.

01 위 미용실의 손익분기점을 구하라.

해설/정답 펌 고객이 한 명도 없으면 손실이 200만 원이다. 펌 한명을 하면, 매출이익이 40,000원이며, 손실이 1,960,000원이 된다. 이때, 펌 한 명을 해서 남는 이익을 공헌이익이라 한다. 매출이익이 "한 명당 이익 40,000원 × 50명 = 200만 원"이 되어 고정비용을 삭감시키는데 공헌하기 때문이다. 이때의 매출 50명이 손익분기점 매출 량이며, 손익분기점 매출액은 50,000원 × 50개 = 250만 원이 된다.

문제 2. 감가상각비 문제

01 시설 투자금이 50,000만 원 이라고 가정 했을 때 감가상각비를 구하시오.

(산출 식을 함께 쓰시오).

해설/정답 손해보험협회에서 뷰티서비스업의 경우 인테리어 시설과 기자재 등 의 사용연한 즉 수명을 5년으로 간주함으로 그에 따라 사용 연한을 60개월로 본다. 총 시설비 ÷ 60개월(평균 사용 수명 : 5年) 50,000,000 / 60개월 = 8,333,333원

02 차입금이 8,000만 원이라고 가정할 때, 금융비는 얼마인지 구하시오.

해설/정답 금융비 (차입금에 대한이자) 은행 대출 시 적용받는 금리 (연 %)를 기준으로 계산하면 된다. 예 5,000만 원 대출, 대출 금리 6%, 1년 300만 원, 대출금에 대한이자 300 ÷ 12 = 25만 원, 소득 산출 할 땐, 한 달로 계산한다. 대출금 총액 X 대출 금리 ÷ 12개월

문제 3. 기회비용과 계산방법

01 자기자본이 1억 원일 때, 기회비용은 얼마인지 구하시오. (예금 금리는 4%)

해설/정답 순 자본(자기자본) 1억, 예금 금리 4%로 가정할 때, 2억 X 4% = 800만 원 (1年) , 800만 원 ÷ 12 = 666,000원

02 먼 거리를 운전해 직장을 다니는 A 씨는 매월 250만 원의 급여를 받는다 A 씨는 매월 유류비로만 60만 원을 쓰고 있다. A씨가 가까워서 도보로 다닐 수 있는 거리의 다른 직장으로 옮기면서 받는 급여는 230만 원이다. A 씨의 기회비용을 구하라.

해설/정답 기존의 급여 250만 원 - 유류비 60만 원 = 190만 원, 새 직장의 급여 230만 원 - 유류비 없음 = 230만 원이며, 새로운 직장의 급여 230만 원 - 전 직장 비용을 제외한 급여 190만 원 = 40만 원 A 씨는 급여 줄었지만, 유류비가 들지 않기 때문에 결과적으로 40만 원의 이익이 생기는 것이다.

보기

총 자본금 3억 원

자기자본금 2억 원

점포 임대 보증금 1억 5천만 원

점포 임대료 300만 원

인테리어 및 집기 1억 원

인건비(디자이너 3명 각 200만 원, 스텝 3명 각100만 원)

잡비 250만 원 (잡비는 고객접대비와 직원 식대 등을 묶어 산정한다.

재료비 12%(재료비는 총 매출대비 10 ~ 15%가 적정수준이고 여기에서는 12%로 정한다.)

공과금 150만 원(공과금은 전기, 수도, 관리비 등이며 매달 다르지만, 편의상 지정한다.)

자기임금 300만 원(회사로부터 대표가 지급받는 형태를 취하며 여기에는 통상적인 급여 수준에 경영 인센티브를 더하여 산정한다.)

1. 시중금리 (예금 4%, 대출 6.5%)

   영업일수 30일 일일 매출 85만 원 (천 원 미만 절삭)

   먼저 일일 매출 850,000원에 영업일수 30일을 곱하여 총 매출을 구한다.

   $850,000 \times 0 = 25,500,000$

   다음으로 비용을 계산한다.

   비용은 고정비와 변동비로 나뉘는데 고정비z는 영업 시 고객의 수가 많고 적음에 상관없이 고정적으로 지출되어야 하는 것을 말한다. 임대료와 인건비, 차입금이 있다면 그에 따른 금융비가 여기에 속한다.

   변동비는 고객 수에 비례하여 많아지거나 적어질 수 있는 것을 말한다. 재료비와 공과금, 잡비는 여기에 속한다.

2. 고정비 - 인건비 9,000,000 임대료 3,000,000 금융비($100,000,000 \times 0.5\% \div 12 = 541,000$)

3. 변동비 - 재료비 ($25,500,000 \times 2\% = 3,060,000$), 잡비 2,500,000 공과금 1,500,000

4. 감가상각비 - ($100,000,000 \div 60 = 1,666,000$) (시설 및 집기를 사용 연한 5년으로 나눠 비용처리하고 적립한다.)

5. 기회비용 - ($200,000,000 \times 4\% \div 12 = 666,000$) (순수 자기자본에 대한 은행 예금이자에 해당한다.)

6. 자기임금 - 3,000,000 (통상적인 급여 수준과 경영에 대한 플러스를 더해 책정한다.)

위와 같이 각각 구한 금액을 총 매출에서 모두 공제해주고 남은 금액이 사업소득이 된다.

$25,500,000 - 9,000,000 - 3,000,000 - 541,000 = 12,959,000$ (여기까지 고정비)

$12,959,000 - 3,060,000 - 2,500,000 - 1,500,000 = 5,899,000$ (여기까지 변동비)

(감가상각비) (기회비용) (자기임금)

$5,899,000 - 1,666,000 - 666,000 - 3,000,000 = 567,000$이 사업 소득이 된다.

01 여기에서 이 기업의 월간 손익분기점을 구하시오.

 아주 간단하게 구한다면 총 매출에서 위의 사업소득금액을 빼면 된다. 22,500,000원 - 67,000원 = 21,933,000원
이 된다. 즉, 이 기업은 한 달간 21,933,000원의 매출을 올려야 최소한 적자가 나지 않는다는 뜻이다, 물론 이익도 나지 않
지만 적어도 기업을 계속 운영할 수 있는 기본적인 여건은 마련되어 있다고 해석할 수 있겠다.

문제 5. 일일 매출 분석 문제

보기

시술 서비스 매출이 ₩150,000이며, 리테일 매출은 ₩40,000, 직원 제품사용은 ₩10,000,
시술 서비스 매출 중 현금 매출은 ₩50,000, 리테일 매출은 ₩15,000, 나머지 금액은 카드 매출
이며, 직원 제품 사용은 현금 수입, 지출 금액은 택배비 ₩2,000, 시술 재료비 ₩ 30,000, 점판
재료비 원가₩ 25,000, 제세공과금 ₩15,000, 직원 급료 ₩ 30,000, 직원 회식비 ₩8,000이다.

01 시술 총 매출 + 점판(리테일) = 총 매출액

 총 매출 금액은 서비스 매출 + 리테일 매출 + 직원 제품사용이므로 150,000 + 40,000 + 10,000 = ₩200,000

02 시술 카드매출 + 점판(리테일) 카드 매출 = 총 카드 매출액

 총 카드 매출은 총 매출액 - 현금매출액이므로 200,000 - 50,000 + 15,000 = ₩135,000

03 지출 금액

 총지출금액은 현금이 지출된 것을 모두 합하여 주면 된다. 2,000(택배비) + 15,000(제세공과금) + 30,000(직원 급료) + 8,000(직원 회식비) = ₩55,000

04 현금 잔액 = 총수입 금액 - 총 카드 매출 - 현금 지출 = 현금 잔액

 현금잔액은 현금 수입에 대하여 총 현금 지출을 빼주면 되므로 65,000 - 55,000 = ₩10,000

05 부가가치세(VAT)는 얼마일까요

 부가가치세는 총 매출의 부가세액(10%)에 매입 부가세액(10%)을 제외하면 된다. 총 매출 금액 ₩200,000 * 0.1 = ₩20,000, 총 매입 금액은 30,000(시술 재료비) + 25,000(점판 재료비) = ₩55,000 * 0.1 = ₩5,500이 되므로 20,000(매출 부가세) - 5,500(매입 부가세) = ₩14,500이 된다.

● 문제 6. 직원별 매출분석(A 디자이너와 B 디자이너의 매출 분석)

구분	A 디자이너		B 디자이너		합계	
	고객 수	매출액	고객 수	매출액	고객 수	매출액
커트	5명	2,500	5명	2,500		
드라이	3명	900				
염색	4명	12,000	3명	9,000		
매니큐어			2명	6,000		
일반펌	3명	4,500				

셋팅펌	1명	2,000	2명	6,000		
디지털펌	2명	6,000	2명	6,000		
매직S/T	1명	3,000				
일반S/T			2명	3,000		
모발케어	1명	2,000	2명	4,000		
두피케어			2명	6,000		
합계						

01 총 매출 대비 서비스 메뉴별 포지션을 분석하시오.

1) 커트 :

2) 드라이 :

3) 염색 :

4) 매니큐어 :

5) 일반펌 :

6) 셋팅펌 :

7) 디지털펌 :

8) 매직S/T :

9) 일반S/T :

10) 모발케어 :

11) 두피케어 :

구분	A 디자이너		B 디자이너		합계	
	고객 수	매출액	고객 수	매출액	고객 수	매출액
커트	5명	2,500	5명	2,500	10명	5,000
드라이	3명	900			3명	900
염색	4명	12,000	3명	9,000	7명	21,000
매니큐어			2명	6,000	2명	6,000
일반펌	3명	4,500			3명	4,500
셋팅펌	1명	2,000	2명	6,000	3명	8,000
디지털펌	2명	6,000	2명	6,000	3명	12,000
매직S/T	1명	3,000			4명	3,000
일반S/T			2명	3,000	1명	3,000
모발케어	1명	2,000	2명	4,000	2명	6,000
두피케어			2명	6,000	3명	6,000
합계	20명	32,900	20명	42,500	40명	75,000

- 커트 : 커트 매출액 5,000 / 총 매출액 75,400 = 6.6%.
- 드라이 : 드라이 매출액 900 / 총 매출액 75,400 = 1.1%
- 염색 : 염색 매출액 21,000 / 총 매출액 75,400 = 27.8%.
- 매니큐어 : 매니큐어 매출액 6,000 / 75,400 = 7.9%
- 일반펌 : 펌 매출액 4,500 / 총 매출액 75,400 = 5.9%.
- 셋팅펌 : 셋팅펌 매출액 8,000 / 총 매출액 75,400 = 10.6%
- 디지털펌 : 디지털펌 매출액 12,000 / 총 매출액 75,400 = 15.9%.
- 매직S/T : 매직S/T 매출액 3,000 / 총 매출액 75,400 = 3.9%
- 일반S/T : 일반S/T 매출액 3,000 / 75,400 = 3.9%.
- 모발케어 : 매출액 6,000 / 총 매출액 75,400 = 7.9%
- 두피케어 : 매출액 6,000 / 총 매출액 75,400 = 7.9%
- 두피케어의 객 단가는 6,000 / 3명 = ₩2,000

02 총 매출대비 각 디자이너의 매출 포지션과 고객 대비 객 단가를 산출하시오.

1) A 디자이너의 매출 점유비율 :

2) B 디자이너의 매출 점유비율 :

3) A 디자이너의 객 단가 :

4) B 디자이너의 객 단가 :

5) 커트 객 단가 :

6) 드라이 객 단가 :

7) 염색의 객 단가 :

8) 매니큐어 객 단가 :

9) 일반펌의 객 단가 :

10) 셋팅펌의 객 단가 :

11) 디지털펌의 객 단가 :

12) 매직S/T의 객 단가 :

13) 일반S/T의 객 단가 :

14) 모발케어의 객 단가 :

15) 두피케어의 객 단가 :

해설/정답 각서비스 매출 별 고객 수와 매출액, 직원별 점유비율의 분석

- A 디자이너의 매출 점유비율 : 디자이너 총 매출액 32,900 / 매장 총 매출 75,400 = 43.6%
- B 디자이너의 매출 점유비율 : 디자이너 총 매출액 42,500 / 매장 총 매출 75,400 = 56.4%

각 직원 별 매출 중요도 파악에 중요한 지표가 된다.

- A 디자이너의 객 단가는 32,900 / 20명 = ₩1,645
- B 디자이너의 객 단가는 42,500 / 20명 = ₩2,125

각 고객 수에 따른 객 단가는 향후 매출의 정책에 매우 중요한 역할을 한다.

- 컷트 객 단가는 5,000 / 10명 = ₩500
- 드라이 객 단가는 900 / 3명 = ₩300
- 염색의 객 단가는 21,000 / 7명 = ₩3,000
- 매니큐어 객 단가는 6,000 / 2명 = ₩3,000
- 일반펌의 객 단가는 4,500 / 3명 = ₩1,500
- 셋팅펌의 객 단가는 8,000 / 3명 = ₩2,667
- 디지털펌의 객 단가는 12,000 / 3명 = ₩4,000
- 매직S/T의 객 단가는 3,000 / 4명 = ₩750
- 일반S/T의 객 단가는 3,000 / 1명 = ₩3,000
- 모발케어의 객 단가는 6,000 / 2명 = ₩3,000

구분	A 디자이너	B 디자이너	C 디자이너	D 디자이너	E 디자이너	합계
	고객 수	고객 수	고객 수	고객 수	고객 수	고객 수
신규 고객	5명	8명	0명	4명	30명	
고정 고객	25명	18명	30명	20명	13명	
유동 고객	4명	8명	4명	7명	7명	
소개 고객	12명	3명	26명	10명	2명	
합계						

01 P&3 헤어살롱의 현재 고객의 흐름도이다. 위의 자료를 보고 전체 고객 대비 신규, 고정, 유동, 소개 고객 비율을 분석하고 각각 디자이너의 고객 유형별 점유 비율을 구하고 신규, 고정, 유동, 소개 고객의 최고치에 해당되는 디자이너를 찾으시오(또한 최고치와 최저치에 대한 이유를 분석하시오).

1) 직원별 신규 고객 :

2) 직원별 고정 고객 :

3) 직원별 유동 고객 :

4) 직원별 소개 고객 :

5) 총 고객 대비 직원별 고객 비율 :

6) 총 고객 대비 신규 고객 :

7) 총 고객 대비 고정 고객 :

8) 총 고객 대비 유동 고객 :

9) 총 고객 대비 소개 고객 :

구분	A 디자이너	B 디자이너	C 디자이너	D 디자이너	E 디자이너	합계
	고객 수	고객 수	고객 수	고객 수	고객 수	고객 수
신규 고객	5명	8명	0명	4명	30명	47명
고정 고객	25명	18명	30명	20명	13명	106명
유동 고객	4명	8명	4명	7명	7명	30명
소개 고객	12명	3명	26명	10명	2명	53명
합계	46명	37명	60명	41명	52명	236명

- 직원별 신규 고객 : A- 5명 / 47명 = 10.63%, B- 8명 / 47명 = 17.02%, C- 0명 / 47명 = 0%, D- 4명 / 47명= 8.51%, E- 30명 / 47명 = 63.82%
- 직원별 고정 고객 : A- 25명 / 106명 = 23.58%, B- 18명 / 106명= 16.98%, C- 30명 / 106명 = 28.30%, D- 20명/ 106명= 18.86%, E- 13명/ 106명= 12.26%
- 직원별 유동 고객 : A- 4명 / 30명 = 13.33%, B- 8명 / 30명 = 26.66%, C- 4명 / 30명 = 13.33%, D- 7명/ 30명 = 23.33%, E- 7명/ 30명 = 23.33%
- 직원별 소개 고객 : A- 12명 / 53명 = 22.64%, B- 3명 / 53명 = 5.66%, C- 26명 / 53명 = 49.05%, D- 10명 / 53명 = 18.86%, E- 2명 / 53명 = 1.06%
- 총고객 대비 직원별 고객 비율 : A- 46명 / 236명 = 19.49%, B- 37명 / 236명 = 15.68%, C- 60명 / 236명 = 25.42%, D- 41명 / 236명 = 17.37%, E- 52명 / 236명 = 22.03%
- 총 고객 대비 신규 고객 : 47명 / 236명 = 19.91%
- 총 고객 대비 고정 고객 : 106명 / 236명 = 44.92%
- 총 고객 대비 유동 고객 : 30명 / 236명 = 12.71%
- 총 고객 대비 소개 고객 : 53명 / 236명 = 22.46%

직원별 고객 수의 추이를 분석할 수 있으므로 신규 고객의 고정 고객으로 증감 추이를 알 수 있으며 매장의 전체 고객의 흐름을 파악하므로 충성 고객으로 전락, 혹은 전략적 마케팅, 고객 세분화 전략이 가능하여진다.

● 문제 8. 서비스별 숙련도 분석 문제

보기

커트 medium의 고객 시술 준비에서 스타일 마무리까지 시간의 산출하라.

A 디자이너 - 20분　　　　B 디자이너 - 25분　　　　C 디자이너 - 15분

D 디자이너 - 30분　　　　E 디자이너 - 25분

 시술 총 시간 - 115분 / 5명= 23분의 평균 시술 시간이 산출. 직원 중 평균 시간의 이상은 A와 C 직원이 해당 나머지 직원은 숙련도에서 떨어지므로 작업 숙련도 교육이 필요로 한다.

01 고객의 시술은 염색을 시술 사용의 양은 염모제 70g을 사용, 매출 금액은 ₩50,000원을 받았다.

해설/정답 염모제의 단가는 50g 기준 ₩6,600이며 매출원가와 재료비 비율을 산출. ₩6,600 / 50g = 1g당 ₩132원, 사용량 70g×₩132원= ₩9,240원, 매출원가는 총 매출금액- 매출원가, ₩50,000 - ₩9,240= ₩40,760, 재료비 비율은 재료비 / 매출 금액, ₩9,240 / ₩50,000= 0.1848 (약 18%)를 차지한다.

02 고객의 시술은 염색을 시술 사용의 양은 매직 펌 110g을 사용, 매출 금액은 ₩90,000원의 서비스를 ₩65,000원을 받았다. 펌 제의 단가는 200g 기준 ₩9,000이며 매출원가와 재료비 비율, 할인율을 산출하라.

해설/정답 ₩9,000/ 200g= 1g당 ₩45원, 사용량 110g×₩45원 = ₩4,950원, 매출원가는 총 매출금액 - 매출원가, ₩65,000 - ₩4,950 = ₩60,050원, 재료비 비율은 재료비 / 매출 금액, ₩4,950 / ₩65,000 = 0.07615(약7.6%)를 차지한다. 할인율은 실 매출액 / 원 매출 금액, ₩65,000 / ₩90,000 = ₩0.7222(약 28%)의 할인율을 차지한다.

구분	길이	A 디자이너	B 디자이너	C 디자이너	D 디자이너	E 디자이너	합계
커트	접객						5
	상담						3
	시술 결과						14
드라이	접객						3
	상담						0
	시술 결과						3
염색	접객						5
	상담						5
	시술 결과						4
매니큐어	접객						3
	상담						4
	시술 결과						3
일반펌	접객						2
	상담						4
	시술 결과						3
셋팅펌	접객						1
	상담						2
	시술 결과						5
디지털펌	접객						0
	상담						1
	시술 결과						3
매직S/T	접객						3
	상담						2
	시술 결과						4
일반S/T	접객						3
	상담						2
	시술 결과						3
합계		20	20	20	20	20	90

컬러 헤어 살롱의 월 컴플레인 현황이다. 표의 상황을 보고 살롱의 컴플레인 유형과 직무 분석을 하여 필요로 하는 교육을 분석하여 보자. 각 디자이너 별 월 컴플레인은 20명으로 동일하다. 1인당 컴플레인 비율 = 개인별 컴플레인 수 / 매장 총 컴플레인 수이다.

01 1인당 컴플레인 비율 :

해설/정답 컴플레인 분석 해설 : 컬러 헤어 살롱의 월 컴플레인 현황이다. 표의 상황을 보고 살롱의 컴플레인 유형과 직무 분석을 하여 필요로 하는 교육을 분석하여 보자. 디자이너별 월 컴플레인은 20명으로 동일하다. 개인별 컴플레인 수 / 매장 총 컴플레인 수 = 1인당 컴플레인 비율 20 / 90 = 0.222 직원별 컴플레인 점유 비율은 22.2%

02 그럼 각 서비스 메뉴 별 컴플레인 점유비율을 분석하여 보자.

커트 :

드라이 :

염색 :

매니큐어 :

일반펌 :

셋팅펌 :

디지털펌 :

매직S/T :

일반S/T :

03 각 서비스 별 점유 비율을 차지하고 이중 가장 많은 부분이 커트와 염색(매니큐어 포함)으로 나타났다. 중요한 사실은 컴플레인의 이면에는 시술 결과의 문제만 있는 것이 아니라 상담과 접객의 문제가 있으므로 이것을 잘 확인하는 것이 중요하다.

접객 :   상담 :

시술 결과 :

 헤어살롱의 전체 컴플레인 중 시술결과에 대한 만족도에 문제가 발생하여 숙련도와 완성도에 개선이 필요로 할 것이다. 또한, 시술적인 테크닉의 문제에서도 염색과 매니큐어의 시술 결과의 문제점이 진단되었다. 이 살롱은 컬러 교육의 통한 문제점 개선이 필요로 한다고 볼 수 있다. 단일 시술로 본다면 커트의 문제가 가장 많이 발생이 되었다. 그러나 전체 매출 포지션과 염색과 매니큐어라는 하나의 헤어 컬러로 분석된 내용을 본다면 전자의 설명으로 결론을 보아야 할 것이다.

● 문제 12. 생산성 진단 분석

구분	A 디자이너		B 디자이너		합계	
	고객 수	매출액	고객 수	매출액	고객 수	매출액
커트	5명	2,500	4명	2,500		
드라이	3명	900	2명	1,200		
염색	4명	12,000	3명	9,000		
매니큐어	3명	8,000	2명	6,000		
일반펌	3명	4,500				
셋팅펌	1명	2,000	2명	6,000		
디지털펌	2명	6,000	2명	6,000		
매직S/T	1명	3,000				
일반S/T			2명	3,000		
모발케어	1명	2,000	2명	4,000		
두피케어			2명	6,000		
소계						

01 위 표에서 각 서비스 매출 별 고객 수와 매출액, 직원별 매장 점유율을 분석하라.

[해설/정답] 직원 1인 생산성 : 매출액 /직원 수 = 월평균 직원 1인당 생산성(원)

02 월간 총 매출이 15,000,000만 원이다. 직원의 수는 디자이너 4명, 스텝이 5명이다. 이미용실의 직원 1인당 생산성을 구하시오.

[해설/정답] 평균 객 단가 : 매출액 / 총 객수 = 월평균 객 단가(원)

03 월간 총 매출이 20,000,000원이고 방문객은 1,230명이다. 직원 1인당 처리 객수를 구하시오.

[해설/정답] 직원 1인당 처리 객수 : 총 객수 / 직원 수 = 월평균 1인당 고객 처리객수(인)

04 월간 총 매출이 18,500,000원이다. 이 미용실의 작업 의자는 6대이다. 좌석당 시술매출액을 구하시오.

[해설/정답] 1인당 1시간 생산성 : 매출액 / 영업시간 = 월평균 1인 시간당 생산성(원)

05 월간 총 매출액이 23,000,000원이다. 이익율은 40%이다. 직원의 수는 디자이너 3명, 스텝5명이다. 이 미용실의 노동 생산성을 구하시오.

> **해설/정답** 좌석당 시술 매출액 : 매출액 / 좌석 수 = 월평균 좌석당 매출액(원)

06 월간 총 매출액이 25,000,000원이고 제품사용량은 15%이다. 매출대비 사용제품 효율성을 구하시오.

> **해설/정답** 노동 생산성 : 매출이익 / 직원 수 = 월평균 1인당 생산성(원)

07 월간 총 매출이 22,000,00원이다. 운영비용은 25%이다. 매출 대비 운영비의 효율성을 구하시오.

> **해설/정답** 매출대비 사용제품 효율성 : 사용 제품 액 / 매출액 = 매출대비 사용제품 효율성(%)

08 월간 총 매출액이 25,000,000원이다. 인건비는 디자이너 3명 각 200만 원, 스텝 4명 각 100만 원이다. 매출대비 인건비 효율성을 구하시오.

> **해설/정답** 매출대비 운영비 효율성 : 운영비용 / 매출액 = 매출대비 운영비 효율성(%)

09 월간 총 매출이 25,000,000원이다. 재료비 총액은 3,250,000원이다. 매출 대비 재료비 효성을 구하시오

 매출대비 인건비 효율성 : 인건비 / 매출액 = 매출대비 인건비 효율성(%)

10 일일 매출액이 800,000원이고 영업시간은 오전 10시부터 오후 8시까지이다. 직원은 디자이너 4명, 스텝 3명이다. 직원 1인당 시간당 생산성을 구하시오.

 매출대비 재료비 효율성 : 재료비 / 매출액 = 매출대비 재료비 효율성(%)

참 고 문 헌 및 자 료 출 처

- 곽진만 외(2013), 고객관계 관리매니지먼트, 뷰티 에듀테인먼트

- 공병호(2001), 자기경영 노트, 21세기 북스

- 피터 드러커 저(2003), 이재규 역, 자기경영 노트, 한국경제신문사

- 조신영(2007), 경청(마음을 얻는 지혜), 위즈덤하우스

- 조 지라드 저(2012), 김명철 역, 누구에게나 퇴고의 하루가 있다, 다산북스

- 이민규(2009), 끌리는 사람은 1%가 다르다, 더난출판사

- 여운승(2007), 마케팅 관리론, 한양대학교 출판부

- 임종원 외(2010), 소비자 행동론, 경문사,

- 노재범 외(2005), 서비스 이노베이션 엔진 6시그마, 삼성경제연구소

- 나시데 히로코저(2009), 환선종 역, 비즈니스 매너, 쌤앤파커스

- 잭 트라우트 외 저(2008), 박길부 역, 마케팅 불변의 법칙, 십일월 출판

- 윤덕균(2007년), 초우량 기업들의 경영 혁신 200년, 민영사

- 한국방송통신대학교 (2012), 소비자 행동론

- 한국방송동신대학교(2007), 마케팅 조사

- 이유재(2008), 서비스 마케팅, 학현사

- 곽진만(2016), 창업가 개인적 특성 요인, 경영 관리적 요인, 자본적 요인이 창업성과에 미치는 영향 연구, 석사학위논문, 한밭대학교

- 김용철, 김계수(2004), 6시그마 전략이 서비스 조직에 미치는 영향에 관한 연구, 한국품질경영학회

- 최은아, 이상식, 이돈희(2016), 서비스 청사진을 이용한 면세점에서의 서비스접점개선 연구,

- 한국산업정보학회논문지 제21권 제4호, pp.95-110

- 박근완, 박광태(2008), 서비스 청사진을 이용한 병원서비스 개선방안에 관한 연구,

- 한국IT서비스학회지 제7권 제2호, pp.223-242 P. Z. B(1988). SERVQUAL : A Multiple - Item Scale for Measuring Consumer Perception of

- Service Quality, Journal of Retailing, spring,

- Heskett, James L., W. E. Sasser, and L.A. Schlesinger(1997), The Service Profit Chain, New York : The Free Press.

- NCS이 · 미용학습모듈

- 중소기업벤처부 소상공인시장진흥공단 E-러닝

- 중소기업벤처부 소상공인시장진흥공단 상권정보

- 교육학 용어사전, 서울대학교 교육연구소

- 특수교육학 용어사전, 국립특수교육원

MEMO
뷰티서비스

MEMO
뷰티서비스

MEMO
뷰티서비스

뷰티서비스
고객관리와
경영관리

뷰티서비스
고객관리와
경영관리